RECHERCHES SUR LA VALEUR MORPHOLOGIQUE

DES APPENDICES SUPERSTAMINAUX

DE LA FLEUR DES ARISTOLOCHES

ANNALES DE L'UNIVERSITÉ DE LYON

TOME DEUXIÈME — 4ᵐᵉ FASCICULE

RECHERCHES

SUR LA VALEUR MORPHOLOGIQUE

DES

APPENDICES SUPERSTAMINAUX

DE LA

FLEUR DES ARISTOLOCHES

PAR

Mˡˡᵉ A. MAYOUX

ÉLÉVE DE LA FACULTÉ DES SCIENCES DE LYON

Avec 3 Planches hors texte

PARIS

G. MASSON, ÉDITEUR

LIBRAIRE DE L'ACADÉMIE DE MÉDECINE

120, BOULEVARD SAINT-GERMAIN

1892

RECHERCHES

SUR LA

VALEUR MORPHOLOGIQUE DES APPENDICES SUPERSTAMINAUX

DE LA

FLEUR DES ARISTOLOCHES

Par Mlle A. MAYOUX

Elève de la Faculté des Sciences de Lyon

I. — Historique et introduction

Les aristoloches très curieuses au point de vue de la structure
de la tige et du mécanisme de la fécondation, curieuses aussi au
point de vue des formes bizarres de la fleur de certaines espèces
ornementales, ne le sont pas moins par la constitution de leur
appareil sexuel. Aussi a-t-on déjà fait plusieurs hypothèses sur cet
appareil. C'est qu'en effet il semble construit en dehors des lois
ordinaires de la symétrie florale. Est-on en présence d'une véritable anomalie ou bien peut-on expliquer cet appareil en s'appuyant sur les lois dont il vient d'être question?

Les Aristolochiacées étant des Apétales, la fleur des Aristoloches
n'a pas de corolle. Elle possède un calice gamosépale de forme
variable (unilabié, bilabié ou trilobé) à préfloraison valvaire. Le
plus souvent, il y a six pièces à l'androcée, parfois cinq (genre

Einomeia de Rafinesque, *A. pentandra* Linn; *A. micrantha* Duch., etc.) ; rarement quatre (*A. bracteosa, A. Picta*). Quelques espèces en renferment un plus grand nombre 10-12 (*A. Mannii, A. triactinia*) ou 24 (*A. Goldiena*). Ces étamines toutes extrorses et biloculaires à déhiscence longitudinale, sont concrescentes en une petite colonne terminée au sommet par autant d'appendices qu'il y a de pièces à l'androcée ou par trois dans les espèces dont les six étamines sont groupées deux par deux (groupe des Siphisia de Duchartre (1) : *A. Sipho, A. tomentosa* L'herit. etc.) Parfois, chaque appendice est partagé en deux au sommet, et dans toutes les espèces il forme un prolongement opposé ou plutôt superposé à chacune des pièces de l'androcée. L'ensemble des étamines et des prolongements représente un gynostème pour certains botanistes (*fig. 37, 38, 39, pl. II*).

L'ovaire toujours infère est généralement composé de six carpelles, quelquefois de cinq ; plus rarement de quatre. Ces carpelles alternent avec les étamines et forment un ovaire pluriloculaire à cloisons incomplètes, parfois complètes. Chaque loge renferme dans l'angle interne deux rangées d'ovules insérés latéralement. Ces ovules dirigés transversalement ou plus ou moins obliquement ramènent leur micropyle vers le placenta, en dehors de leur point d'attache ou en dedans contre le placenta.

Le fruit est une capsule septicide.

Telle est d'une façon sommaire la description de cette fleur. Les styles et les stigmates n'y sont pas mentionnés. C'est là qu'en effet est le point discutable. Existe-t-il oui ou non des styles et des stigmates dans la fleur des Aristoloches? Voilà ce qu'il faudrait savoir.

Pour le plus grand nombre des botanistes (Baillon, etc.) il y aurait un gynostème, c'est-à-dire que les appendices superstaminaux seraient les lobes stigmatiques ; mais ces lobes sont opposés aux étamines, par suite, ils ne correspondent pas à la nervure dorsale des carpelles. Cette particularité a déterminé quelques auteurs à nier la nature carpellaire de ces appendices et à ne voir là que des dépendances staminales. De là deux opinions opposées :

---

(1) Duchartre : *Prodromus* : tome XV, page 421 et suivantes.

1° Les feuilles carpellaires sont terminées par des stigmates;

2° Les styles et les stigmates manquent.

Quels sont les arguments en faveur de chacune d'elles?

L'analogie et l'apparence morphologique ont suffi, ainsi qu'on vient de le voir, pour faire appeler les prolongements superstaminaux, lobes stigmatiques par la plupart des botanistes descripteurs dont le but d'ailleurs n'est pas de rechercher la nature des organes, mais surtout de décrire les formes. Le rôle physiologique de ces appendices vient en outre donner un argument de plus en faveur de la première opinion (cependant les cas d'emprunts physiologiques existent chez quelques végétaux) et leur superposition aux étamines ne serait pas une preuve suffisante pour faire rejeter la théorie ainsi qu'on le verra dans la suite de ces recherches.

Payer dans son « *Organogénie comparée de la fleur* » (1) termine ainsi son travail sur l'organogénie de l'*Aristolochia Clematitis* : « Les stigmates et les styles ne sont donc que des dépendances des étamines ainsi qu'on les a vus n'être que des prolongements des placentas dans les Crucifères et les Parnassiées, etc., et des feuilles carpellaires dans les Renonculacées, les Caryophyllées, etc. »

Plus tard, en 1871, M. Van Tieghem dans son travail « Recherches sur la structure du pistil et sur l'anatomie comparée de la fleur » (2) reprend cette question et fait l'anatomie de la fleur des *Aristolochia Sipho et Clematitis*. Ce savant botaniste s'exprime en ces termes : « Les styles y manquent donc entièrement et l'ovaire reste béant, c'est par un artifice, par voie d'emprunt qu'il est fermé. Les six étamines alternent avec les carpelles, se soudent par leurs connectifs au-dessus de la cavité ovarienne, en laissant au centre un petit canal trigone qui joue le rôle de canal stylaire tandis que le sommet bombé du connectif surplombe chaque anthère et joue le rôle de stigmate. Les stigmates vrais s'ils se développaient seraient alternes avec les étamines au lieu de leur être superposés. Dans l'*A. Sipho* où les six faisceaux staminaux au lieu de devenir équidistants comme dans l'*A. Clematitis*, demeurent disposés en

(1) Page 432.
(2) Pages 163 et suivantes.

trois paires alternisépales, il m'a semblé voir trois branches très grêles oppositisépales se diriger vers le centre pour rejoindre trois des sillons qui continuent les loges ; mais ces branches s'éteignent bientôt et ne constituent qu'une trace fugitive et incomplète des styles dans le plan de la fleur. Chacun des trois stigmates n'est autre chose que le prolongement glanduleux du connectif commun de chacune des trois paires d'anthères.

« Les nervures dorsales des carpelles des aristoloches ne se prolongent donc pas d'une manière sensible au-dessus du point où s'en dégagent les faisceaux du calice et de l'androcée. L'anatomie vient ainsi confirmer entièrement sur ce point les observations organogéniques de Payer. »

Dans son « *Traité de Botanique* (1) » M. Van Tieghen conserve la même opinion. « Cet ovaire est bientôt surmonté d'autant de styles qu'il y a de carpelles (asarum), tantôt dépourvu de styles et de stigmates, la pollinisation et la germination du pollen s'opérant sur les épais connectifs des anthères (aristoloches) ».

Masters en 1875 (2) après avoir mentionné la disposition particulière des stigmates des aristoloches cite les opinions de Payer et de M. Duchartre (3). Celle de Payer lui paraît surtout très singulière. Masters croit qu'il y a eu plutôt concrescence des styles et des stigmates avec l'androcée.

D'après de Solms-Laubach (4) la fleur des aristoloches ne possède qu'un verticille de six feuilles sexuées qui forment à elles seules tout l'appareil sexuel. Les parties supérieures plus ou moins concrescentes de ces feuilles produiraient les anthères et les stigmates. Les portions basilaires ne donneraient que les placentas récurrents, situés dans le plan médian des feuilles sexuées. L'ovaire infère serait formé par l'axe même du ramuscule floral.

Celakowsky (5) repousse cette théorie en s'appuyant sur les considérations suivantes :

(1) Page 1427.
(2) *The Journal of the Linn-Society*, volume XIV, page 488 ; et dans *Martius, flore du Brésil*, fasc. 66.
(3) Comptes rendus, vol. 10 — 1858.
(4) *Botanik Zeitung*, 1875, page 31-32.
(5) Ibid., 1877, page 180.

1° La région médiane des feuilles est toujours la moins propre à la production des ovules ;

2° Pour de Solms-Laubach le sillon médian délimitant les deux moitiés de chacune des feuilles sexuées, peut être aussi bien la ligne de séparation des deux vertieilles androcée et gynécée ;

3° Dans les Crucifères, les Parnassiées, etc., les placentas sont aussi opposés aux styles et aux stigmates ;

4° Les asarum, bien que munis de styles et de stigmates indépendants des étamines, ont aussi des placentas récurrents.

Pour ce botaniste de même que pour Payer et M. Van Tieghem, les styles et les stigmates ne sont que des dépendances des étamines.

Eichler (1) compare la fleur des asarum à celle des Aristoloches et fait une supposition : chez l'asarum les pièces du verticille interne staminal alternent avec les carpelles, par suite, les stigmates alternent aussi avec les étamines; mais par leur division fréquente en deux lobes, ils manifestent une tendance au développement commissural, et si on s'imagine que les bords respectifs de deux tsigmates voisins s'unissent deux à deux et deviennent en même temps concrescents avec les étamines interposées (étamines internes), il en résultera un appareil sexuel semblable à celui de l'Aristoloche clématite. La fleur de l'Aristoloche siphon n'en différerait que parce que la concrescence serait là poussée plus loin encore.

« Tout s'explique donc, dit-il ensuite, d'après les lois ordinaires de la symétrie florale. Il suffit seulement d'admettre une concrescence congénitale, puisque l'union des parties existe dans le jeune âge de même qu'à l'âge adulte. C'est là, un fait qui à vrai dire ne peut s'observer directement, mais qu'il est permis d'admettre avec pleine certitude puisqu'il existe ailleurs dans des milliers de cas analogues. »

Pour Eichler il y aurait donc des stigmates bien que cet auteur formule son hypothèse en se fondant sur une simple analogie avec

____

(1) Bluthendiagramme, page 529 et suivantes.

l'asarum, sans rien prouver, ni affirmer. D'autre part, ce botaniste repousse la première partie de la théorie de Solms-Laubach, qui attribue à un seul verticille de feuilles sexuées, la production des placentas, ovules, stigmates et anthères. Il s'exprime à peu près ainsi :

« Cela n'est pas à vrai dire impossible *à priori* comme le prouve la production d'ovules sur les étamines et d'anthères sur des carpelles; mais de semblables cas n'ont jamais été observés qu'à l'état de monstruosités. Ils ne se produisent jamais normalement. »

Eichler va même plus loin encore. Il rejette cette opinion de Masters et de Payer (1), qui veut que les placentas aient des blastèmes autonomes et que les cloisons soient les bords relevés de l'axe devenu creux. Il combat aussi Solms-Laubach qui avait avancé, ainsi qu'on l'a vu plus haut, que les placentas n'étaient pas autonomes, mais des dépendances de la portion basilaire des feuilles sexuées.

« Je ne puis accepter ces deux opinions dit Eichler, et je suis forcé de considérer les placentas des Aristoloches, de même que ceux des autres plantes à ovaire infère, comme les bords infléchis et soudés deux à deux des carpelles, qui, dans leur partie moyenne, ne sont pas différenciés de la cupule formée par l'axe qui les entoure. Il va de soi, en effet, que si cette région n'est pas différenciée à l'état adulte, elle ne peut l'être dans le jeune âge. »

« Il est facile de constater chez les asarum à ovaire infère, la première apparition de la région moyenne des carpelles et par cela de vérifier l'hypothèse. »

A notre avis, cette manière d'envisager la constitution de l'ovaire des Aristoloches est peut-être la plus vraie puisqu'elle se vérifie dans un genre très voisin, appartenant à la même famille. En outre, elle a pour elle de faire rentrer un cas de plus sous les lois ordinaires de la symétrie florale. Mais comme le but de ce travail est de rechercher la valeur morphologique des appendices superstaminaux et non de trouver celle des placentas je ne m'occuperai pas davantage de cette partie secondaire de la question.

(1) Loc. cit.

Telles sont, je crois, les principales opinions émises sur l'objet de nos recherches. Donc si, en s'appuyant sur les arguments de Celakowsky et de Eichler, on repousse la théorie de Solms-Laubach, la question reste telle que nous l'avons posée au début : Les styles et les stigmates existent-ils, oui ou non, chez les Aristoloches, car il est bien permis d'admettre que chez ces végétaux l'ovaire soit constitué par des carpelles, et l'androcée par des feuilles staminale selon le mode ordinaire?

Pour nous résumer, nous pouvons dire que la deuxième de ces opinions a pour elle Eichler, Masters et tous les botanistes descripteurs, et que la première est soutenue par M. Van Tieghem, par Payer et Celakowsky. La question n'est donc pas tranchée puisque les deux opinions ont également des défenseurs. Si l'analogie et la physiologie donnent des arguments en faveur de la première théorie; l'organogénie semble d'accord avec l'anatomie pour faire accepter la seconde. En raison de cela, les résultats ne sont pas concluants. Il reste des doutes, et à vrai dire la question ne paraît pas résolue. Ne pourrait-on pas essayer de nouveau à l'élucider, si la chose est possible, en s'adressant à d'autres espèces? C'est ce que j'ai tenté de faire, sur les conseils de notre maître M. le professeur Gérard en utilisant les sujets qui sont cultivés dans les collections botaniques de la ville de Lyon au Parc de la Tête-d'Or.

L'organogénie, la morphologie, l'analogie, l'anatomie et même la physiologie ont été également employées comme procédés d'investigations, par les auteurs cités plus haut, sans, nous l'avons vu, fournir des résultats concordants. Pourtant, toutes ces méthodes ont leur valeur! Le dernier moyen d'investigation, l'expérimentation, ne pouvant être employé ici, je serai obligée d'avoir recours à l'un de ceux qui ont été déjà employés : l'anatomie, en faisant l'application rigoureuse des lois connues de la vascularisation des membres de la fleur.

Si, on admet en principe, qu'un organe, quel qu'il soit, est toujours parcouru par un faisceau ou un groupe de faisceaux dont la puissance est en rapport avec le degré de développement de l'organe envisagé, on peut dire que l'examen du système libéroligneux peut seul donner des indications précises sur la présence ou l'absence des organes rendus peu évidents par une cause quelconque, bien que dans ces cas particuliers la soudure ou l'union de certains cordons vasculaires voile souvent la véritable disposition typique des différents faisceaux et rende par ce fait la loi moins évidente à première vue. Tel est le cas, sans doute, de la fleur des Aristoloches. La position de l'ovaire, jointe à la soudure intime des organes centraux de la fleur, déterminent assurément quelques modifications dans la course typique ou plutôt théorique de ses différents cordons libéroligneux. Toutefois, si on accepte comme guide des investigations, l'application du principe précédent, au cas particulier de l'appareil sexuel, formulé en loi par M. R. Gérard dans son travail *La fleur et le diagramme des Orchidées* (1) : « On trouve dans la partie centrale de la fleur autant de faisceaux ou de groupes de faisceaux que cette fleur contient de pièces, » on ne craindra pas de s'écarter de la question, car s'il y a parfois, ainsi que je viens de le faire remarquer, union de certains faisceaux, il existe toujours, sinon des points particuliers, au moins des individus ou des espèces, ou encore des genres voisins, chez lesquels la dissociation se produit et montre alors ce que cachait la soudure, permettant d'établir le type théorique.

La loi trouve même un ferme appui dans ce fait, qui présente un intérêt majeur dans le cas actuel, que lorsqu'un organe avorte partiellement ou totalement son système vasculaire suit ses destinées et ne prend qu'un développement correspondant au sien, ne manquant complètement que s'il y a suppression totale.

Je m'adresserai tout d'abord à l'Aristoloche tomenteuse qui n'a pas été étudiée dans les travaux cités plus haut et qui se rapproche beaucoup de l'*Aristolochia Sipho* par son habitat, ainsi que par la constitution de la colonne centrale de sa fleur. Je chercherai, à l'exemple de M. Van Tieghem, le nombre et la disposition des cordons vasculaires dans le pédoncule et dans la fleur. Je pourrai, en suivant ces faisceaux dès leur origine, connaître la valeur de chacun d'eux ; puis, je comparerai ce système conducteur à celui de la fleur de quelques autres espèces, afin de savoir s'il représente

(1) Thèses de l'Ecole de pharmacie de Paris, 1879, p. 53.

le type du genre. Je dois dire de suite que cette espèce est défectueuse à ce point de vue, car elle ne possède pas ce caractère. Malgré cela, je l'ai choisie à dessein pour des raisons particulières que je ne puis exposer ici, mais qu'il sera facile de comprendre dans la suite.

Je pourrai ensuite comparer ce système libéroligneux au système vasculaire de la fleur des Asarum et à celui d'autres aristolochiacées à étamines libres, après quoi il sera facile de dégager les conclusions et de discuter les diverses théories mentionnées plus haut.

II. — Etude du système conducteur de la fleur des Aristoloches

1° *Dans la fleur de l'*ARISTOLOCHIA TOMENTOSA, *L'Herit.*

La fleur de l'Aristoloche tomenteuse possède un périanthe trilobé. Ses étamines au nombre de six sont sessiles et rapprochées par paires. Chacune de ces paires est séparée de sa voisine par une sorte de proéminence cellulaire, ou plutôt, par une sorte de colonnette qui acquiert son entier développement dès la base des anthères. Chaque colonne est creusée longitudinalement d'un sillon médian qui va en s'élargissant à mesure qu'il s'élève, et détermine à un certain niveau la division complète de la colonnette en deux moitiés.

Ces deux moitiés restent soudées au groupe staminal interposé entre les colonnettes et forment ainsi, en s'unissant à l'homologue des paires voisines, au-dessus de chaque paire d'anthères, une sorte de petit capuchon plus ou moins conique. Chacun des trois groupes staminaux comprend donc, en outre des deux étamines, la moitié de deux colonnettes voisines *(figure 38-planche II)*.

Ces colonnettes et ces appendices existent chez toutes les Aristoloches, mais il faut remarquer que chez celles dont les étamines sont équidistantes, chaque moitié de colonnette, au lieu d'être soudée à un groupe de deux étamines, n'est concrescente qu'avec une seule étamine, d'où résultent six appendices superstaminaux au lieu de trois. Donc, puisque ces faits sont communs à toutes les espèces, je les signale ici une fois pour toutes, et je ne les rappellerai pas dans les descriptions suivantes (*figure 34, planche II,* vue d'une coupe transversale d'un gynostème d'*A. trilobata*). Les papilles stigmatiques sont localisées sur les parois du sillon médian des colonnettes interstaminales et s'étendent en une ligne continue de la base du sillon jusqu'au delà des étamines.

Les colonnettes et étamines surmontées de leur capuchon constituent au centre de la fleur une petite colonne dont l'axe est occupé par un petit canal trigone ayant ses angles opposés aux colonnettes interstaminales. Ce canal communique par sa partie inférieure avec les loges ovariennes.

Avant d'aller plus loin je dois faire remarquer encore qu'après l'acte de la pollinisation le tissu qui s'étend le long du dos des loges, se développe en général de façon à former là, une proéminence cellulaire assez volumineuse. En outre, chez toutes les Aristoloches, les appendices superstaminaux qui sont toujours écartés avant la déhiscence des anthères se rapprochent et deviennent connivents après cet acte. Ce changement de position est dû à la dessiccation du tissu conjonctif placé entre les différentes branches vasculaires issues des six faisceaux primitifs, de telle sorte qu'à la suite de la rétraction qui suit la dessiccation, tous les cordons libéroligneux se rapprochent en six groupes complexes. Ce fait est surtout évident chez les Aristoloches Siphon, tomenteuse, ridicule et élégante, où le tissu desséché forme une bande noirâtre autour des principales branches de chacun des six groupes. Chez certaines espèces (*A. Bonplandi. A. Ornitocephala, A. trilobata,* etc.) les branches vasculaires dont il vient d'être question, ne s'isolant jamais complètement les unes des autres, le fait est moins évident. Il existe pourtant et se développe sur une plus large zone. On voit alors non seulement une bande noirâtre autour de chaque faisceau, mais encore, une autre large bande d'éléments aplatis. enfermant les six groupes ensemble ainsi que le feraient un endoderme et un péricycle communs.

A la base du pédoncule de cette fleur, le système libéroligneux est représenté par six faisceaux disposés en cercle et normalement orientés (*fig. 1, fais. F*). Bientôt ces faisceaux se divisent tangentiellement et se rangent en ellipse. Ce n'est qu'après cette division que le pédoncule de l'*Aristolochia tomentosa*, ainsi d'ailleurs que que celui de l'*Aristolochia Sipho* et de toutes les autres espèces, renferme douze cordons vasculaires parmi lesquels six plus volumineux alternent avec six plus petits (*fig. 2*). Un endoderme amylifère et un péricycle assez puissant entourent cet ensemble de faisceaux. Les assises extérieures du péricycle sont sclérifiées ; les autres sont simplement fibreuses.

A une certaine distance au-dessous de l'ovaire, les six petits faisceaux se portent vers l'axe du cylindre central déterminant au-dessus d'eux les ruptures de l'endoderme et du péricycle. Il vont former les faisceaux marginaux ou faisceaux placentaires pendant que les six gros faisceaux se rangent en cercle pour entrer dans le dos des carpelles. Le départ des petits faisceaux, joint à l'accroissement des feuilles carpellaires amène bientôt la division de l'endoderme et du péricycle entre tous les faisceaux. A l'intérieur des faisceaux dorsaux des carpelles, les masses libéroligneuses présentent le plus souvent une disposition en éventail très nette ; les deux masses médianes sont de beaucoup les plus volumineuses (*fig. 3, pl. 1*). En ce point, l'axe a cessé d'exister car les faisceaux libéro ligneux et leurs annexes ont pris la disposition caractéristique des appendices.

Chacun des faisceaux des nervures dorsales des carpelles comprend, en allant de dehors en dedans :

1° Un endoderme ;

2° Un péricycle assez puissant ;

3° Les masses libériennes ;

4° Les masses ligneuses séparées généralement des précédentes par une zone cambiale ;

5° Du parenchyme ligneux placé en lames rayonnantes entre les masses libéroligneuses. La lame médiane est la plus large, les latérales s'épuisent en montant vers le sommet de l'ovaire. L'endoderme très nettement caractérisé par ces nombreux grains d'amidon se distingue bien des tissus voisins.

Dès que les loges ovariennes commencent à paraître, les masses libéroligneuses des nervures dorsales situées le plus près de l'axe du pédoncule se divisent de nouveau et se détachent peu à peu des faisceaux, se dirigent en divergeant vers le sommet des loges, pour former les nervures secondaires des carpelles. Ces phénomènes achevés, l'appareil conducteur des sèves a pris dans les grandes lignes la position qu'il conservera sur toute la longueur de l'ovaire. Je négligerai maintenant à dessein l'examen de l'orientation et la division des différents cordons libéroligneux des placentas et des nervures latérales des carpelles pour m'occuper uniquement des faisceaux médians des carpelles, les seuls d'ailleurs qui se prolongent au-delà de l'ovaire et qu'il soit utile de suivre dans l'intérêt du sujet.

Arrivés au sommet de l'ovaire les faisceaux placentaires, les faisceaux marginaux et ceux des nervures secondaires des carpelles s'éteignent successivement pendant que les faisceaux périphériques donnent d'abord chacun deux branches latérales (*1,1 schema 4 et 5*) qui s'anastomosent plus ou moins entre elles et se rendent dans le périanthe, mais cela à des hauteurs différentes en raison de l'insertion du tube calicinal qui est en général plus ou moins inclinée sur le pédoncule. Ce qui, d'ailleurs, se rencontre aussi dans les autres espèces.

La partie demeurée de chaque masse se divise alors radialement en trois : la portion médiane (*3, schemas 4 à 7*) se rend immédiatement au calice pendant que les deux latérales (*2,2, schema 7*) s'incurvent brusquement l'une à droite, l'autre à gauche, et se portent dans l'espace interfasciculaire. La branche de droite d'un faisceau rencontre celle de gauche du faisceau voisin, mais avant de s'unir et d'entrer dans le périanthe, chacune des branches laisse sur place un faisceau vasculaire (*1, schema 6*). Ces faisceaux s'unissent (*1,1, schema 7*) deux à deux à la manière des branches précédentes, et constituent ainsi six nouveaux faisceaux qui, d'après leur origine sont alternes avec les six faisceaux primitifs.

Mais, chez l'Aristoloche tomenteuse de même que chez l'Aristoloche siphon, végétaux qui ont les étamines rapprochées par paires, les nouveaux cordons libéroligneux se groupent bientôt deux à deux (*4,4, schema 8*) et, par là, la disposition symétrique et typique est un peu masquée dans ces espèces.

C'est ainsi que s'épuisent les nervures dorsales des carpelles. Elles ont donné, d'un côté, les nervures du périanthe (nervures dont les nombreuses anastomoses masquent la disposition théorique), et de l'autre, six nouveaux faisceaux, les seuls qui s'élèvent au-dessus de l'ovaire après le départ du système conducteur du calice.

Le système libéroligneux de la colonne centrale de cette fleur est d'abord représenté uniquement par six faisceaux, ou, plus justement, par six groupes de faisceaux, ainsi que le montre la disposition de leurs éléments. Ces faisceaux sont concentriques.

Ces groupes vasculaires, que nous appellerons faisceaux G, ne tardent pas à se diviser. Bientôt, on voit chaque paire de faisceaux donner comme les faisceaux dorsaux des carpelles, deux branches, l'une à droite, l'autre à gauche, branches qui s'unissent deux à deux dans les trois grands espaces interfasciculaires pour former trois nouveaux faisceaux (faisceaux Σ) interposés aux trois paires qui les ont produits, mais souvent le périanthe n'est pas complètement libéré que ces trois derniers cordons vasculaires se bifurquent tout en pénétrant dans les masses proéminentes qui séparent les trois groupes staminaux (faisceaux σ)

En même temps, les six faisceaux G se divisent de nouveau, mais cette fois dans le sens radial; ensuite, la branche externe, ainsi formée, se partage à son tour dans le sens tangentiel, et les deux faisceaux provenant de cette division (*e,e, schema 9*) vont se placer au dos de chaque loge (car les anthères sont opposées aux faisceaux G). En général, la loge de gauche et celle de droite de chaque paire staminale reçoivent leurs faisceaux les premières; Les deux autres fascicules n'arrivent aux deux loges médianes qu'un peu plus haut. Dans la suite de ces recherches, on pourra, sans doute, expliquer cette petite particularité. Aussi est-il utile de la souligner au passage.

Cette division est la dernière qu'éprouvent les branches externes.

Le dédoublement se continuant sur les branches internes

(*schema 10*), chacune d'elle se divise dans le sens radial en deux branches, dont la plus externe γ s'incurve aussitôt du côté de l'étamine correspondante et se place dans le plan médian de cet organe, où viennent bientôt la rejoindre les deux faisceaux *e* opposés pour se fusionner avec elle (*faisceaux E, schema 11*).

Plus haut, l'autre branche, celle placée du côté de l'axe, se divise à son tour, dans le sens tangentiel, et donne aussi deux faisceaux qui restent à la même hauteur sur le même cercle (*SS, sch. 11*).

Assez souvent, un peu au-dessous de ce niveau, il se détache, de l'une ou de l'autre de ces dernières branches, un filet plus ou moins grêle qui se dirige vers l'axe et s'épuise bientôt. Nous signalons ce fait pour rendre hommage à la vérité, mais nous n'attachons pas grande importance à sa présence.

Donc, à ce niveau (demi-hauteur des anthères) on trouve en face de chaque paire de loges un groupe de trois faisceaux dont le plus externe correspond au plan médian de l'étamine, et les deux autres plus internes, sont écartés, l'un à droite, l'autre à gauche du précédent de façon à représenter les trois pointes d'un delta (*E, S,S, schema 11*). Les faisceaux externes, *E*, s'épuisent plus ou moins haut vers le sommet des anthères, tandis que les internes, *S.S.* c'est-à-dire, ceux placés du côté de l'axe, se portent de plus en plus vers le canal central de telle sorte qu'à un certain moment, ils sont tout à fait placés contre la paroi du canal (*sch. 12*).

Au-dessus des anthères, les faisceaux du rang interne *S,S* et ceux (σ) qui parcourent le parenchyme interstaminal (faisceaux dont nous allons bientôt nous occuper spécialement) sont les seuls qui subsistent. Les faisceaux *SS* cheminent dans les appendices en se divisant parfois encore tangentiellement et finissent par disparaître à leur tour. Quelquefois, ce sont les faisceaux médians, mais plus généralement ce sont les latéraux qui s'éteignent les premiers. Dans l'un et l'autre cas, l'épuisement s'achève très près du sommet des appendices (*fig. 12 et 13*).

Quant aux faisceaux Σ que nous avons vu se libérer des faisceaux *G* à la base de la colonne et se diviser chacun en deux branches (*faisc. σ, fig. 8*) pour se diriger dans les trois grands espaces interstaminaux, leur sort est le suivant : les branches σ se divisent le plus souvent et donnent un nombre variable de petits fascicules (*fig. 11*) dont plusieurs s'éteignent presque aussitôt, pendant que les autres se renforcent et s'unissent aux faisceaux placés près d'eux, et cela de deux manières : tantôt en s'avançant vers le centre pour s'unir aux faisceaux placés près du canal central ; tantôt en demeurant en place pour recevoir ces derniers qui viennent les retrouver. Par conséquent, les faisceaux σ subissent le sort connu des faisceaux voisins de l'axe (*faisceaux S*) et se terminent avec eux dans les appendices superstaminaux. Donc les faisceaux σ peuvent rester indépendants des faisceaux S, ou s'unir à eux, et la course générale du système conducteur de la petite colonne n'en est point autrement modifiée, ce qui laisse à penser que l'union n'a pas ici de significations bien nette, et que S et σ appartiennent à un même système foliaire.

En résumé, les six faisceaux G qui s'élèvent au-delà du périanthe et pénètrent dans la colonne centrale de la fleur, se partagent entre les masses interstaminales, les anthères et le tissu placé vers le canal central. Les faisceaux des anthères se terminent vers le sommet de ces organes. Les premiers et les les derniers, s'épuisent dans l'extrémité libre des appendices superstaminaux.

2° Dans d'autres espèces d'Aristoloches

Cette seconde partie du travail peut se diviser ainsi :

A. — Recherches sur des espèces à six étamines ; espèces de beaucoup les plus nombreuses.

B. — Recherches sur des espèces à quatre, cinq, dix, douze ou vingt-quatre étamines.

N'ayant eu à ma disposition que deux espèces de ce dernier groupe (*A. Picta, A. pentandra*), j'étudierai surtout celles du premier ; d'ailleurs, l'étude d'un plus grand nombre d'Aristoloches à quatre ou cinq étamines n'apporterait, sans doute, aucun fait nouveau, car les carpelles y sont, ainsi que chez les espèces à six étamines en nombre égal à celui de l'androcée ; mais il serait très curieux de savoir si dans les espèces à dix, douze ou vingt-quatre étamines, les appendices superstaminaux subissent une division égale à la multiplication des pièces de l'androcée, et si cette augmentation numérique des pièces staminales se répète également dans l'ovaire. Plus tard, peut-être, pourrai-je combler cette lacune. Cependant, je puis le dire, dès maintenant, que je ne crois pas que les documents apportés par ces espèces, pour ainsi dire anomales, modifient les résultats donnés par celui des Aristoloches à six étamines c'est-à-dire par le type le plus répandu dans le genre.

A. — ARISTOLOCHES A SIX ÉTAMINES

On peut diviser les Aristoloches à six étamines que nous avons étudiées en deux groupes :

1° Les espèces à étamines équidistantes et à six appendices superstaminaux (calice de forme variable : unilabié, bilabié ou trilobé).

> A. *Elegans.* A. *Ridicula.*
> A. *Clypeata.* A. *Trilobata.*
> A. *Ornithocephala.*
> A. *Fimbriata* ou *Bonplandi.*
> A. *Clematitis.*

2° Les espèces à étamines groupées deux par deux et à trois appendices superstaminaux (calice trilobé).

> A. *Sipho.*
> A. *Tomentosa.*

J'étudierai successivement ces quelques espèces en les rapportant à l'A. tomenteuse, et en ne donnant autant que possible que les caractères différentiels.

ARISTOLOCHES A ÉTAMINES GROUPÉES PAR PAIRES
ET A TROIS APPENDICES SUPERSTAMINAUX

Il est naturel que nous débutions par l'*A. Sipho* qui se rapproche d'avantage de l'*A. tomentosa*.

Aristolochia Sipho, L'herit. — L'appareil sexuel de cette Aristoloche ressemble beaucoup à celui de l'A. tomenteuse, par suite, son système vasculaire s'éloigne peu du précédent.

Voici les principaux points différentiels :

1° Dans le pédoncule, au-dessous de l'ovaire, les six faisceaux C sont toujours disposés en cercle, jamais en ellipse, caractère qui, d'ailleurs n'appartient qu'à l'A. tomenteuse et a peu de valeur du reste ;

2° Les nervures du périanthe ne s'anastomosent pas, pour ainsi dire ;

3° Les faisceaux σ ne sont pas aussi constants que chez l'A. tomenteuse. Dans l'*A. Sipho* ils existent rarement tous les trois, même, ils peuvent manquer complètement. En tout cas, ils prennent toujours naissance plus haut sur la colonne centrale que chez l'A. tomenteuse.

ARISTOLOCHES A ÉTAMINES ÉQUIDISTANTES ET A SIX APPENDICES

La position des étamines chez les Aristoloches de ce genre présentant une différence assez grande avec celle des espèces précédentes, je décrirai avec quelques détails la marche du système conducteur de l'Aristoloche que je vais étudier en premier lieu.

Afin de pouvoir mieux établir ensuite les points différentiels que pourront présenter les autres espèces.

Je dois dire tout d'abord qu'au point de vue de la division des faisceaux *G*, on peut grouper les Aristoloches à six étamines équidistantes, en deux groupes. Dans l'un on mettra les espèces dont les branches fournies par ces faisceaux deviennent tout à fait distinctes les unes des autres (*A. elegans, A. ridicula*) ; dans l'autre on placera celles dont les mêmes branches vasculaires ne s'isolent pas complètement, c'est-à-dire, celles où le partage ne dépasse pas les masses libéroligneuses et n'entraine pas la division complète des groupes vasculaires primitifs.

I. — SOUS-GROUPE

Aristolochia elegans. — L'Aristoloche élégante a une fleur unilabiée, très élégante et beaucoup plus grande que celle des Aristoloches tomenteuse et siphon. C'est d'ailleurs une plante de serre très ornementale dont les fleurs se succèdent en grand nombre, pendant tout l'été et même une grande partie de l'automne. Aussi est-il facile de se procurer, pendant tout cet espace de temps, des échantillons à tous les états de développement.

Je ne rappellerai pas de nouveau les caractères qui distinguent la colonne centrale de la fleur de cette Aristoloche et celle des suivantes, de la colonne des espèces déjà décrites : ils sont en tête de ce chapitre. J'ajouterai simplement que la fleur de l'Aristoloche élégante étant plus grande, sa colonne centrale est plus volumineuse et que le canal creusé en son centre est hexagone, non trigone ; puis, que les appendices superstaminaux sont beaucoup moins obtus que ceux des espèces précédentes (il ne pourrait en être autrement puisqu'ils ne recouvrent chacun qu'une étamine). Ces appendices paraissent contournés en dehors, ou plutôt infléchis autour de chaque anthère.

Dans le pédoncule de cette fleur la disposition du système libéroligneux diffère de la disposition de celui de l'A. tomenteuse, par ses faisceaux rangés en cercle, non en ellipse. Le péricycle est toujours très puissant et en partie sclérifié. L'endoderme est fortement amylifère surtout dans l'ovaire, ainsi d'ailleurs que cela existe chez toutes les autres espèces.

De ce niveau, je passe immédiatement à la naissance du périanthe sans parler de la marche et des divisions des différents cordons libéroligneux pendant leur trajet à travers l'ovaire. L'utilité de cette description est d'autant moins grande que chez toutes les espèces les faits sont à peu près les mêmes, sauf quelques variations dans les détails, n'ayant aucune importance pour l'objet de nos recherches, et ce qui a été dit à ce propos pour l'Aristoloche tomenteuse nous semble suffisant, nous ne pourrions que nous répéter.

Au-dessous du calice, six faisceaux formés par l'union de deux branches vasculaires émises par les faisceaux dorsaux des carpelles sortent et se perdent dans le renflement sous-calicinal d'une forme particulière à cette espèce (1).

Les nervures du périanthe se libèrent des faisceaux médians des carpelles à peu près suivant le mode déjà décrit, mais les anastomoses sont ici très nombreuses et masquent beaucoup plus le mode d'émergence.

La naissance des faisceaux G ne présente aucune particularité, mais quant à l'origine des faisceaux Σ, il se passe ici des faits dignes d'attirer l'attention :

Dans l'Aristoloche élégante les faisceaux C laissent *quelquefois* sur place un groupe vasculaire qui s'élève plus ou moins haut sans changer de plan. Ces nouveaux faisceaux continuent donc directement la nervure dorsale des carpelles; ils représentent les faisceaux stylaires. Leur volume varie avec l'individu : parfois, ils sont très grêles; ailleurs, ils ont un volume à peu près égal à celui des faisceaux G. Si on suit leur course, il est facile de les voir dévier latéralement pour s'unir à ces derniers. Le niveau de

_____

(1) Certaines Aristoloches présentent au-dessous du périanthe, soit un renflement annulaire (*A. Clypeata, A. Bonplandi*), soit six éperons plus ou moins développés (*A. trilobata.*)

cette union dépend de la puissance des faisceaux Σ. Dans le cas où ceux-ci sont faibles, l'union se fait très bas; au contraire, s'ils sont puissants, l'union à lieu beaucoup plus haut. Ces faisceaux alternent avec ceux des étamines et sont placés sur un cycle plus interne. Dans certains individus, le cercle est incomplet, dans d'autres, et c'est le cas de beaucoup le plus général, il manque tout à fait.

D'après la position des faisceaux Σ en face des proéminences interstaminales on peut les assimuler aux faisceaux Σ de l'Aristoloche tomenteuse, mais il faut remarquer que ceux-ci ont une origine différente : chez l'A. tomenteuse les faisceaux C ne laissent aucune branche sur place, et les faisceaux Σ sont formés par les faisceaux G. Ce dernier mode de naissance des faisceaux Σ se remarque aussi assez souvent chez l'Aristoloche élégante; dans ce cas les nervures dorsales des carpelles ne se continuent pas directement dans la colonne et les branches formatrices des faisceaux Σ au lieu de s'unir deux à deux entre faisceaux voisins, comme dans l'Aristoloche tomenteuse, pénètrent directement dans les proéminences interstaminales correspondantes, où elles peuvent être comparées aux faisceaux σ. La libération de ces faisceaux se fait dans cette espèce au delà de la moitié de la hauteur des loges d'anthères c'est-à-dire beaucoup plus haut que chez l'A. tomenteuse et après la formation des faisceaux E. Ce mode d'origine des faisceaux Σ est de beaucoup le plus général; je tiens à le faire remarquer.

De même que chez les espèces déjà décrites, les faisceaux G envoient tout d'abord et par le même procédé que précédemment, une branche à chaque loge d'anthère (*faisc. e, fig. 11*), puis par division radiale, il se sépare très souvent de la branche interne un autre faisceau qui se porte vers l'axe où il doit bientôt s'éteindre. En même temps, la branche restée en place se fractionne par division radiale et tangentielle, en une multitude de petits faisceaux qui s'avancent vers l'axe.

L'ensemble de ces faisceaux présente la forme d'un delta ayant une de ces pointes tournée du côté de l'axe (*fig. 13*).

Plus haut, ce delta vasculaire se partage en deux perpendiculairement au rayon; la portion externe placée dans le plan médian de l'étamine et composée d'un certain nombre de très petits faisceaux prend la forme d'un arc de cercle dont la concavité regarde les anthères (*fig. 16*).

Pendant que ces faits s'accomplissent, les branches qui s'étaient rendues au dos des loges s'écartent, l'une à droite, l'autre à gauche de chaque anthère pour venir se placer aux deux extrémités de l'arc vasculaire dont nous venons d'indiquer l'origine.

A ce niveau (un peu au delà de la moitié de la hauteur des anthéres), le dos de chaque paire de loges est donc entouré par cet arc vasculaire ayant à sa droite et à sa gauche les faisceaux primitifs des anthères (*fais. e*) ; puis en face de l'arc, du côté de l'axe, se trouve la portion interne du delta vasculaire (*fig. 16 S*).

De tous ces faisceaux, les branches primitives du dos des loges polliniferes sont les premières qui s'éteignent. Ensuite, vient le tour des faisceaux latéraux de l'arc; les faisceaux qui occupent le centre de l'arc demeurent plus longtemps.

Pendant ce temps, les éléments de la portion interne du delta se répartissent en trois groupes dont un médian et deux latéraux, si bien, qu'à un moment donné, le système conducteur situé en face de chaque paire de loges n'est plus représenté que par quatre groupes de faisceaux disposés en croix : un externe, un interne et deux latéraux (*fig. 17*).

Le groupe externe *E* ne tarde pas à s'éteindre. En même temps les groupes latéraux s'écartent latéralement et vont se placer dans les espaces interstaminaux.

Au-dessus des anthères, les appendices sont donc parcourus uniquement par des faisceaux dérivés de la portion interne du delta. Les groupes latéraux s'éteignent généralement en premier lieu ; le médian monte jusque dans le voisinage du sommet des appendices (*fig. 15-19*).

Aristolochia ridicula. — La fleur de l'aristoloche ridicule est plus petite que celle de l'espèce précédente, en outre, elle a une forme très curieuse. Le limbe de son calice se divise en deux cornes assez longues qui lui donnent un aspect particulier : de plus, le périanthe paraît inséré latéralement sur l'ovaire.

La colonne centrale de cette fleur est relativement plus volumineuse que celle de l'A. élégante. Il faut remarquer aussi que l'espace s'étendant du calice aux anthères est beaucoup plus long (environ le tiers de la hauteur des anthères) que dans l'espèce précédente où les anthères sont pour ainsi dire sessiles.

Voilà pour les différences morphologiques. Au point de vue anatomique les divergences sont les suivantes. Elles consistent surtout en simplifications.

1° Peu après leur formation les faisceaux G subissent un commencement de division. Les différentes masses libéroligneuses qui les composent s'écartent légèrement les unes des autres, mais sans cesser d'avoir un endoderme et un péricycle commun, comme on le voit pour les espèces du deuxième groupe. A ce point de vue, l'A. ridicule forme le passage entre les deux groupes.

2° Cette première division sépare radialement un faisceau qui va se placer dans le plan médian de l'anthère et représente les faisceaux ee. E des exemples précédents. faisceaux qui restent confondus ici (*fig. 20. planche I*.

3° La branche interne S. se divise dans le sens radial et le faisceau externe. résultant de cette deuxième division, se partage ensuite tangentiellement, puis chacune de ces branches (*branches σ* se rend dans l'espace interstaminal qui lui correspond.

4° La branche interne S (qui vraisemblablement comprend Σ qui ne s'individualise pas ici), restée en place. se divise à son tour dans le sens tangentiel (jamais radialement); et les faisceaux ainsi formés se disposent en une sorte de V très ouvert dont les extrémités libres des branches vont rejoindre les faisceaux σ (*fig. 21*).

Chez l'Aristoloche ridicule, de même que chez l'Aristoloche élégante. ce sont les deux branches médianes du groupe S nourricier des appendices qui le plus souvent s'éloignent les dernières. après s'être portées tout à fait vers l'axe. bien longtemps après la disparition des faisceaux staminaux e. $e + E$ qui restent confondus sur toute la longueur de l'androcée.

2ᵉ SOUS GROUPE

Aristolochia clypeata. Linden et And, 1869. — La fleur de cette Aristoloche est une des plus belles par sa grandeur et son coloris. Elle a un calice unilabié à limbe jaune brun en forme de bouclier d'un très bel effet ornemental.

Les appendices superstaminaux y sont environ aussi longs que le reste de la colonne : leur forme est en outre plus déliée que chez l'A. élégante. Les parois ovariennes sont inégalement développées, aussi les six sillons qui dessinent les loges sur la surface de l'ovaire sont-ils inégaux ; ils sont en outre très profonds. L'ovaire est symétrique par rapport à son plan antéropostérieur.

Vers la naissance du périanthe, l'ovaire se courbe brusquement, beaucoup plus que chez l'A. *ridicule*, à angle droit, de telle sorte que le calice et les organes qu'il recouvre paraissent insérés latéralement sur lui.

Dans le pédoncule et dans l'ovaire, le système libéroligneux n'a rien de remarquable : l'endoderme est fortement amylifère et le péricycle très puissant.

La forme du tube calicinal (il présente à la base un bourrelet oblique) détermine quelques modifications dans le mode d'émergence des nervures, mais ces différences étant indépendantes du sujet de nos recherches, je ne m'attarderai pas à les décrire. Elles existent du reste également dans quelques-unes des espèces suivantes. Il suffit de savoir que les faisceaux dorsaux des carpelles laissent très rarement des branches sur place. Si rarement que parmi les nombreux échantillons que j'ai coupés, il ne s'est trouvé qu'un ou deux exemples les possédant, et, encore, le fait ne s'observait-il que sur un ou deux faisceaux sur six. Ces cas forment donc de véritables exceptions.

La portion basilaire de la petite colonne, c'est-à-dire l'espace compris entre le calice d'une part et les anthères de l'autre, est généralement très long, beaucoup plus long encore que dans l'A.

ridicule. Sa taille atteint parfois la hauteur des anthères et le système vasculaire qui le parcourt est toujours représenté par les six faisceaux *G*, dont les éléments conducteurs se disposent en petits îlots non isolés, caractère qui se retrouve également dans toutes les Aristoloches qui n'ont pas leurs anthères sessiles.

Ici, de même que dans les autres espèces, les six faisceaux dorsaux des carpelles concourent pour une part égale, à la formation des nervures du périanthe, et à la formation des faisceaux *G*. Ces derniers ont chez l'*A. clypeata* un liber riche en vaisseaux grillagés.

Dès la moitié inférieure de la hauteur des anthères, ou plutôt à des niveaux variables suivant l'individu, les faisceaux *G* commencent à s'étirer dans le sens du rayon, puis ils se divisent en deux, sans que toutefois les deux nouveaux faisceaux s'isolent complètement. Ensuite, la masse vasculaire la plus interne se partage par divisions radiale et tangentielle en trois branches (*fig. 22, pl. I*) de telle sorte que vers la moitié de la hauteur des anthères, le système libéroligneux est, dans le plus grand nombre des cas, représenté par six groupes comprenant chacun au moins quatre masses vasculaires dont une (*E. fig. 22*), celle de beaucoup la plus volumineuse et la plus indépendante, est placée du côté des loges polliniques. Une autre, opposée à cette dernière, se trouve plus près de l'axe. Enfin les deux latérales restent appuyées à la masse précédente. Parfois la branche externe *E* se divise et est remplacée par un groupe de faisceaux, sans que pour cela l'organisation générale de l'ensemble se trouve altérée (*fig. 23*).

Les six faisceaux ainsi constitués se distinguent d'une façon très nette du tissu environnant riche en amidon, et les grands éléments du liber donnent à cet ensemble, un aspect particulier que je n'ai pas trouvé chez d'autres espèces.

Les branches de chaque faisceau *G* restent donc assez rapprochées les unes des autres pour paraître, à première vue, ne former qu'un seul groupe.

A mesure que ces cordons vasculaires s'élèvent, ils diminuent de volume. Les masses externes s'éteignent au sommet des anthères pendant que celles placées du côté interne, se portent de plus en plus vers l'axe et finissent par s'épuiser en arrivant très près du sommet des appendices. Quelquefois, mais rarement, ces branches avant de disparaître, se divisent une fois tangentiellement, et les fascicules nouveaux s'isolent complètement les uns des autres.

Donc, généralement, dans *A. clypeata*, on ne trouve aucun faisceau dans le plan des proéminences interstaminales, et, de même que chez les espèces précédentes, les faisceaux situés du côté des anthères (*fais. E, e, e*), disparaissent avec les loges. Les faisceaux internes (*fais. S ou Σ*) montent seuls jusqu'au sommet des appendices tout en se rapprochant de la face interne de ceux-ci.

Aristolochia ornithocephala, Hook. Cette Aristoloche est de même que l'Aristoloche précédente, une espèce très ornementale. Sa grande fleur à périanthe en forme de tête d'oiseau est tout à fait bizarre. A cause de cela, elle diffère beaucoup des espèces déjà décrites. Son calice appartient au groupe des bilabiées.

La colonne centrale de cette fleur est relativement assez grande et le canal creusé en son milieu (canal circulaire non hexagone) s'ouvre très largement au dehors. De même que chez l'*Aristolochia clypeata*, les appendices superstaminaux sont longs et filiformes.

Il existe une si grande similitude entre l'aspect et la manière d'être des différents groupes vasculaires de l'appareil sexuel de l'*A. ornithocephala* et celui de l'espèce précédente qu'on pourrait les confondre, si ce n'est que le premier se distingue du second par les caractères suivants :

1° Le liber des faisceaux *G* ne possède pas de gros vaisseaux grillagés ;

2° Ces mêmes faisceaux ne s'étirent jamais radialement quand ils se divisent dans ce sens (*fig. 24, pl. II*) ;

3° Chacune des deux branches nouvelles provenant de la première division radiale, se partage à son tour tangentiellement et les quatre faisceaux formés ainsi se disposent en croix : un externe *E*, un interne *S* et deux latéraux (*fig. 25*) : puis, plus haut, la division se continuant sur quelques-uns de ces faisceaux, il se produit un nombre plus ou moins grand de branches : généralement cinq ou six, qui se placent sous la forme d'une étoile (*fig. 26*).

4° Très près du sommet des anthères, cette étoile se partage en deux radialement. La branche interne S se porte du côté de l'axe, tout à fait contre la paroi du canal, sans que pour cela, il lui soit nécessaire de s'isoler complètement de la branche externe (*fig. 27*). Arrivée là, elle chemine quelque temps jusqu'au sommet des appendices où elle se divise tangentiellement avant de s'éteindre (*fig. 28*.

La branche externe E ne monte pas au-delà des loges et par conséquent disparaît avant la branche interne. Ceci est d'ailleurs commun à toutes les espèces.

5° Le canal central étant plus large que celui des espèces précédentes l'épaisseur des pièces constitutives de la colonne est moins grande, et les proéminences interstaminales sont plus étirées.

Aristolochia trilobata L. — La fleur de l'*A. trilobata* a une forme particulière dont on aura une idée assez exacte si on se représente une urne de Nepenthes portant à sa base six espèces d'éperons très déliés, réfléchis, et dont la partie supérieure serait resserrée en un col plus ou moins long. quant à l'opercule, il serait transformé en une sorte de longue lanière.

Les anthères sont ici très longues et surmontées d'appendices courts ; les poils collecteurs, au contraire, sont longs (beaucoup plus que dans les espèces précédentes).

Ici, encore, le système conducteur ne présente que très peu de caractères spécifiques. De même que dans *A. ridicula*, *A. clypeata* et *A. ornithocephala*, l'espace compris entre l'origine de la colonne et la base des anthères est très long et le système libéroligneux qui le parcourt est formé des six faisceaux G dont les éléments s'écartent peu à peu les uns des autres, et se disposent sous forme d'étoile plus ou moins régulière suivant l'individu et le niveau de la section (*fig. 29. planche II*).

En arrivant vers la base des anthères, cette disposition disparaît : deux des branches externes de l'étoile s'allongent au détriment des branches latérales et bientôt, de la forme étoilée, chaque masse libéroligneuse. passe à la forme d'un Y dont les deux branches sont tournées du côté des anthères (*fig. 30*). Les deux branches de l'Y ne tardent pas à se diviser; puis vient le tour de la portion supérieure du pied, et ensuite celui de la région inférieure de telle sorte qu'il se forme de nouveau une étoile dont les branches vont se bifurquer encore (*fig. 31*).

Enfin, en approchant du sommet des anthères, un certain nombre de ces branches s'épuisent de telle sorte que trois seulement s'élèvent plus haut. Ce sont celles qui représentaient les trois extrémités de l'Y primitif (*fig. 32*).

Très près du sommet des anthères, les éléments périphériques des faisceaux se groupent, d'une part autour de la branche interne, et de l'autre autour des deux externes, ou en d'autres termes, il se fait une scission incomplète puisque les deux nouvelles branches restent accolées l'une à l'autre.

Les branches externes ne s'élèvent pas au-delà des anthères; la branche interne parcourt tout l'appendice en se partageant en deux tangentiellement, mais ici encore la dissociation n'intéresse pas les éléments périphériques du faisceau.

Aristolochia Bonplandi, Tenore. — La fleur de l'*A. Bonplandi ou fimbriata* est de taille très modeste; elle ne rappelle en rien celles des espèces précédentes. Cependant sa forme est gracieuse et, à cause de cela, cette Aristoloche est souvent cultivée dans nos serres où elle étale, pendant la belle saison, ses élégantes petites fleurs.

Le périanthe de l'*A. fimbriata* est unilabié; son ovaire est symétrique par rapport à son plan médian, et sa colonne centrale ne présente aucun caractère particulier : le système conducteur qui la parcourt, rappelle d'une façon si nette celui de l'*A. trilobata* que n'ayant aucune particularité importante à signaler, je passe de suite à l'*A. Clematitis,* la plus petite de toutes les aristoloches que j'ai étudiées.

Aristolochia Clematitis L. — L'Aristoloche clématite est spontanée dans nos régions; sa fleur jaune clair et unilabiée n'est pas du tout ornementale. En revanche, cette espèce étant assez abondante dans nos champs, elle a depuis longtemps attiré l'attention des botanistes qui l'ont, ainsi que l'*A.* sipho, étudiée à tous les points de vue.

Les anthères sont sessiles et les appendices qui les surmontent sont soudés en capuchons (*fig. 37, planche II*), puis les poils stigmatiques forment une plage unique au-dessus de chaque anthère et le tissu conducteur tapissant le canal central de la colonne est ici très développé. Six nervures d'égale puissance sillonnent son périanthe: elles se forment sans aucune anastomose et sont produites par la région médiane de chacun des faisceaux *C* (*fig. 35, planche II*).

Le mode d'émergence des nervures du calice est le seul caractère spécifique digne de remarque, présenté par le système conducteur de cette fleur.

Quelquefois, vers la base des faisceaux *C*, il se détache par division radiale une petite branche qui se porte vers l'axe et s'éteint aussitôt.

Cette première division est toujours accidentelle; elle ne se produit même jamais sur tous les faisceaux à la fois.

De même que chez les autres espèces, les éléments vasculaires se répartissent en plusieurs petits îlots au centre des faisceaux *G*. mais aucune division ne se produit au-dessous du sommet des anthères. Près de ce niveau, les petites masses libéroligneuses se rangent en trois groupes : un externe *E* et deux internes *SS* disposés comme les trois pointes d'un delta.

L'externe s'épuise et disparaît au sommet des anthères; les deux internes s'élèvent plus haut en s'isolant tout à fait l'une de l'autre, avant de s'éteindre dans l'appendice superstaminal

B. — ARISTOLOCHES A QUATRE ÉTAMINES

Aristolochia picta. Karst. — Cette aristoloche est une espèce ornementale cultivée en serre dans nos pays. Sa fleur n'est pas très grande, mais son coloris est très brillant: elle est unilabiée.

Quatre étamines à peu près sessiles, surmontées chacune de

leurs appendices composent son androcée. Typiquement, elle devrait avoir quatre carpelles, ce qui n'est pourtant pas toujours vrai, car parfois elle en possède six.

Le canal creusé au centre de la petite colonne est quadrangulaire, et le tissu conducteur y forme de fortes crêtes saillantes.

Son pédoncule est déprimé latéralement par deux profonds sillons qui lui donnent une forme un peu triangulaire.

Des six faisceaux qui parcourent le pédoncule, deux sont plus petits et correspondent aux deux sillons latéraux.

Assez loin, au-dessous de l'ovaire, les six faisceaux se portent vers l'axe où ils doivent concourir à la formation des faisceaux placentaires, mais les quatre gros faisceaux envoient aussi des cordons vasculaires aux nervures dorsales. Plus haut, ces mêmes faisceaux donnent, en outre, les faisceaux marginaux et ceux des nervures secondaires des carpelles.

A part cette particularité relative aux deux petits faisceaux C du pédoncule qui passent entièrement dans les placentas et dont la conduite cause la disparition de deux carpelles, on ne trouve rien de remarquable dans cette fleur. L'émergence des nervures du périanthe, ainsi que la formation des faisceaux G, ont lieu toujours suivant le mode déjà décrit, et se produit d'ordinaire sur un plan qui couperait obliquement celui de la fleur.

Les masses libéroligneuses des faisceaux G se divisent d'abord en deux, radialement, puis la branche externe se partage à son tour en deux, dans le sens tangentiel. Plus haut, la branche interne se divise aussi dans le même sens, mais jamais les branches ainsi formées ne s'isolent complètement les unes des autres.

Les proéminences interstaminales commencent à se former à peu près vers le tiers inférieur de la hauteur des anthères, et le sillon médian qui le parcourt, apparaît plus haut encore. Ce n'est que lorsqu'il est parfaitement marqué que les groupes vasculaires G s'étirent radialement et se divisent en deux.

Les deux branches externes E se séparent des internes S et Σ qui se rapprochent alors l'une de l'autre. Arrivés vers le sommet des loges, les faisceaux externes s'éteignent; les internes s'élèvent plus haut, et finissent aussi par disparaître.

Je reviens maintenant sur le caractère spécifique mentionné dans les descriptions et sur lequel il est utile d'insister un peu :

Nous avons vu que chez les individus qui représentent tout à fait le type tétramère de l'espèce, les deux petits faisceaux correspondant aux deux sillons du pédoncule (1) se portent vers l'axe afin d'entrer plus haut dans les placentas où ils se perdent. Chez les autres individus, c'est-à-dire chez les individus anormaux ayant six carpelles, ces deux faisceaux acquièrent une certaine puissance et se comportent à la façon des quatre gros faisceaux et ainsi s'explique ce fait qu'au lieu de quatre carpelles, il s'en développe six. Au-dessus du périanthe, on trouve également six faisceaux *G,* dont deux correspondent à deux étamines normales. Les quatre autres se groupent deux par deux en face des autres étamines qui présentent chacune trois loges d'anthère. Les deux étamines normales sont surmontées chacune de leur appendice, et chaque groupe de trois loges se termine par un appendice bifide dont les deux parties sont égales. Chacun de ces appendices a en outre un faisceau propre qui s'élève dans son plan médian. Ces deux cordons vasculaires représentent la branche interne des deux faisceaux *G* de chaque groupe.

Donc, ces deux faisceaux, qu'il est permis d'appeler dans ce cas, faisceaux surnuméraires, semblent avoir été impuissants à nourrir une étamine entière, mais ils ont pu suffire à alimenter l'appendice correspondant. De cela on peut conclure sans trop préjuger des faits que le type tétramère a pour cause ici, un avortement qui, dans certains cas, peut être imparfait et montre l'origine de ce type.

Une autre conclusion importante peut également être tirée de cette anomalie spécifique, mais je ne puis la donner encore.

(1) Il est nécessaire de faire remarquer avant de quitter le système conducteur des Aristoloches que les botanistes prennent généralement pour le pédoncule la partie inférieure de l'ovaire : ce pédoncule est, en effet, presque toujours très court, même chez les espèces où la partie renflée de l'ovaire est très éloignée du point d'attache de la fleur. Ce fait a induit en erreur plusieurs botanistes qui ont signalé douze faisceaux dans le pédoncule des aristoloches siphon et clématite, au lieu de six. En effet, chez ces espèces, le plus souvent, on peut à peine faire quelques coupes très minces sans atteindre la première division des faisceau, ce qui indique la base de l'ovaire.

Aristolochia pentandra L. — L'*A. pentandra* a une petite fleur qui, par sa forme et sa grosseur rappelle beaucoup la fleur de l'*A. clématite*; comme cette dernière, elle appartient au groupe des unilabiées, mais elle est construite sur le type pentamère. Son ovaire renferme cinq loges, et sa colonne centrale comprend cinq étamines surmontées chacune d'un appendice bifide au sommet. Il faut remarquer que son pédoncule est creusé d'un sillon, et à cause de cela la cloison ovarienne superposée au sillon est moins étendue dans le sens du rayon que les cloisons voisines ; ou en d'autres termes : le sillon placé en face de la cloison superposée à la dépression du pédoncule est plus large que les quatre autres. Cette dépression, nous le savons, correspond exactement à la sixième loge qui manque dans cette espèce.

Des six faisceaux qui pénètrent dans le pédoncule, celui situé devant le sillon, se porte de plus en plus vers l'axe à mesure que e sillon se creuse. A la suite de ce fait, il ne reste plus que cinq cordons libéroligneux périphériques *(fais. C)* sur six, et ici, de même que chez l'espèce précédente, le type quinaire de la fleur, tire, sans nul doute, son origine de l'avortement d'un membre.

A part ce fait, le système conducteur de cette fleur ne présente aucun caractère spécifique digne de remarque, et par le mode de dissociation des groupes vasculaires *G*, on peut placer la fleur de l'*A. pentandra* à côté de celle de l'*A. picta*. De même que chez celle-ci, la dissociation des faisceaux *G* s'opère complètement vers le sommet des anthères, et chaque colonnette interstaminale reçoit des branches vasculaires *(fais. σ)*.

Quelques remarques sur les proéminences ou colonnettes interstaminales. — Ainsi que j'ai déjà eu l'occasion de le faire remarquer, les proéminences interstaminales deviennent toujours bifides à partir d'un certain niveau (variable suivant l'espèce). Le sillon médian qui les partage, d'abord peu marqué à son origine, s'élargit graduellement en montant vers le sommet des anthères, et finit par déterminer la complète division des colonnettes en deux parties. C'est de cette manière que se produit l'individualisation des appendices.

Suivant l'espèce, ces colonnettes sont plus ou moins développées, soit dans le sens de la tangente, soit dans celui du rayon. Ainsi chez l'*A ornithocephala*, elles sont très étirées parallèlement à la circonférence; au contraire, dans *A. clypeata*, *A. trilobata*, etc., elles font fortement saillie entre les étamines. A part cela, leur forme varie peu; aussi, est-il inutile d'entrer dans des détails spécifiques, et je généraliserai en disant : sur une section transversale faite près du sommet des anthères, c'est à dire, au niveau où le sillon est le plus large, chaque colonnette se prolonge en deux cornes plus ou moins déliées ou obtuses dont l'extrémité est recouverte de poils collecteurs variables en longueur suivant l'espèce.

Dès que le sillon est assez large, les deux moitiés de chaque colonnette s'infléchissent en sens inverse, l'une à droite, l'autre à gauche vers l'anthère correspondante, si bien qu'à un certain niveau les appendices se présentent (en section transversale) sous la forme d'un croissant. Ce croissant, d'abord assez ouvert, tourne ses deux pointes en dehors et se ferme de plus en plus; parfois même les deux extrémités rapprochées de deux moitiés de colonnettes voisines peuvent se souder au-dessus de l'anthère interposée, de manière à former une sorte de capuchon au-dessus de chacun de ces organes. C'est le cas des aristoloches syphon, tomenteuse et clématite. Chez cette dernière, où les poils stigmatiques sont, on vient de le voir, localisés sur l'extrémité des cornes, cette soudure amène la superposition aux étamines, des plaques stigmatiques. S'il n'en est pas de même chez les deux autres espèces, cela vient de ce que les poils collecteurs sont placés sur les parois des sillons non sur les cornes.

Donc, puisque le sillon médian partage les colonnettes en deux moitiés égales qui restent accolées à l'étamine interposée, les appendices étant nécessairement la continuation des colonnettes, sont produits par l'union de la moitié de deux colonnettes voisines. Ce fait nous semble évident et d'une grande importance au point de vue qui nous occupe.

Après la déhiscence des anthères, il se produit, en outre, des dessications déjà signalées un affaissement des tissus placés au niveau de la paroi du sillon médian. Cette altération des tissus détermine un changement dans la direction des cornes et amène un reploiement de celles-ci sur le sillon. Il est utile de tenir compte de ce fait toutes les fois qu'on pratique des sections transversales dans la fleur d'une aristoloche, car l'aspect des coupes varie d'un cas à l'autre.

Je ferai remarquer aussi qu'on ne doit pas, à l'exemple de quelques botanistes, attacher d'importance dans la description d'une espèce d'aristoloche, au degré d'écartement ou de connivence des appendices, puisque ces diverses manières d'être se succèdent sur la même fleur, avant et après la pollinisation.

Soit au point de vue du nombre et de la situation des pièces de l'androcée, soit au point de vue de la forme du périgone, les quelques espèces que nous venons d'étudier, représentant les principaux types du genre, je ne crois pas nécessaire de pousser plus loin ces investigations. Aussi je termine avec l'*Aristolochia pentandra* mes recherches anatomiques, dont les résultats peuvent être formulés ainsi :

Résultats de l'examen du système conducteur de la fleur des Aristoloches.

1° Le pédoncule renferme six faisceaux rangés en cercle et normalement orientés. Ces faisceaux se divisent très bas pour former le système conducteur de la fleur.

2° Dans toutes les espèces, les six faisceaux dorsaux des carpelles (*faisc. C.*) se partagent en arrivant au sommet de l'ovaire, entre les nervures du périanthe, d'une part, et les six groupes vasculaires *G* qui irriguent le centre de la fleur, de l'autre. Donc, les faisceaux *C* concourent chacun, pour une part égale, à la formation des nervures du périanthe et de celles du gynostème.

3° L'émergence des faisceaux du périanthe se fait, le plus souvent, en plusieurs temps : elle est subordonnée à la grandeur et à l'insertion du calice, ainsi qu'à la forme de la base de cet organe. Le cas le plus simple est fourni par l'*A. Clematitis*, où la portion médiane des six faisceaux *C* émerge directement pour former les six nervures sans s'anastomoser. Vient ensuite l'*A. sipho*, dont le périanthe montre nettement 22 à 24 nervures formées en deux temps. En troisième lieu, on peut citer l'*A. tomentosa*, puis viennent les cas un peu plus compliqués.

4° Les faisceaux *G* sont toujours des faisceaux complexes. Ils sont équidistants chez les aristoloches à étamines espacées également et se *groupent* deux à deux chez celles dont les étamines sont réunies par paires. D'après leur origine ils alternent avec les faisceaux *C* ; et se divisent toujours radialement en deux masses *E. S.*

5° La portion externe *E* s'éteint toujours au sommet des anthères. Le groupe interne *S* monte seul dans les appendices où il s'épuise après s'être le plus souvent divisé en deux tangentiellement.

6° Les appendices sont donc parcourus par un système conducteur dérivé de la branche interne des faisceaux *G*.

7° On peut rencontrer extraordinairement des faisceaux Σ, σ, dans l'intérieur des colonnettes interstaminales, et encore lorsqu'ils existent (*A. sipho*, *A. elegans*, *A. tomentosa*), je ne les ai trouvés d'une façon constante que chez la dernière de ces trois espèces ; ailleurs, selon les fleurs, ils manquaient totalement ou partiellement.

8° Les faisceaux Σ, σ, tirent leur origine tantôt directement des nervures dorsales des carpelles et semblent être leur prolongation, tantôt des faisceaux *G* par division latérale.

9° Les appendices sont formés par l'union des moitiés de deux colonnettes interstaminales consécutives.

Nous sommes arrivés au moment de conclure. Nous le pourrions, mais nous préférons avant de le faire, examiner ce qui se passe dans quelques plantes de la famille, dont les étamines sont libres, afin d'y trouver un nouvel et solide appui.

III. — Etude du système conducteur de quelques autres Aristolochiacées.

1°. Asarum europæum L.

L'appareil sexuel des *Asarum* diffère de celui des Aristoloches en ce que ses pièces staminales sont libres entre elles et libres aussi de toute adhérence avec le gynécée. Il n'y a donc ici aucune soudure on est en présence d'un appareil normal.

La fleur de l'*Asarum europæum* a un calice gamosépale présentant trois divisions égales au sommet. A l'intérieur de ce calice, il existe aussi trois petites dents alternes. Son androcée est composé de douze étamines libres, hypogynes, dont six sont plus petites et plus externes ; les six autres plus grandes et plus internes, alternent avec les précédentes. Les anthères sont biloculaires, extrorses, basifixes et déhiscentes par une fente longitudinale, parfois marginale.

Au-dessus des anthères, chaque connectif se prolonge en une pointe toujours assez longue et aiguë. L'ovaire infère ou demi-infère possède six loges incomplètes dont chacune contient un nombre variable d'ovules anatropes, ascendants ou descendants, à raphé saillant. Cet ovaire est surmonté d'une colonne stylaire terminée par six lobes stigmatiques rayonnants et alternes avec les étamines internes. Les stigmates ne commencent que vers le milieu des lobes.

De même que chez les Aristoloches, le système conducteur du pédoncule de cette fleur renferme six faisceaux rangés en cercle et normalement orientés. Avant d'atteindre l'ovaire, ces faisceaux se divisent tangentiellement de telle sorte qu'à la base de cet organe, il y a, au moins, douze cordons vasculaires. A ce niveau, six d'entre eux s'incurvent graduellement en dehors afin de former la nervure dorsale des loges ovariennes, pendant que les faisceaux restés en place se disposent à entrer dans les placentas (*fig. 40, 41, 42, fais. p, C*).

Les six faisceaux périphériques *C* ont, de même que ceux des Aristoloches, leurs éléments vasculaires séparés en deux masses par une large lame médiane de parenchyme ligneux (*fig, 40, 11, 42, 43, pl. III*).

Ces faisceaux périphériques après s'être incurvés se redressent avec les parois ovariennes, et, dès que les loges commencent à paraître, ils se divisent radialement.

La branche interne se partage ensuite tangentiellement, puis les deux faisceaux nouveaux, produits par cette dernière division, s'écartent, l'un à droite, l'autre à gauche et vont se placer en face de chaque cloison correspondante (*fig. 44, 45, 46, fais. c.*). Un peu plus haut, le faisceau resté en face du milieu des loges, se divise à son tour dans le sens radial.

La branche interne, issue de cette division, se partage tangentiellement, et de cette division, il résulte deux nouveaux faisceaux placés contre la face interne des loges (*faisc. S, fig. 16, 47*), qui parcourent l'ovaire en cette place jusqu'à la naissance des styles.

Plus haut encore, la branche externe se partage en deux dans le sens radial, et la branche interne produite par cette division vient se placer entre les deux faisceaux précédents mais sur un cycle plus externe (*fig. 17, 18, faisc. e*) pendant que la branche restée en place se divise en trois tangentiellement et que chacune des branches latérales s'incurve vers l'axe, l'une à droite, l'autre à gauche, afin de former en s'unissant avec leurs similaires, un cordon vasculaire dans l'épaisseur de la paroi ovarienne en face du plan médian des cloisons (*fig. 18, 19, faisc. E*). La troisième branche s'épuise en donnant encore quelques faisceaux destinés à constituer les nervures du périanthe (*fig. 19, rang externe de faisceaux*).

Pendant ce temps, l'ovaire s'accroît en diamètre et l'amplitude détermine l'élongation des cloisons et des placentas. Le développement radial de ces dernières entraîne, à son tour, le déplacement d'une des deux branches vasculaires qui appartenaient primitivement aux placentas. Cette branche ne tarde pas à se diviser en deux (*fig. 15, 16, 17, faisc. f. p. : f. p*).

A la suite de ces divisions successives des nervures dorsales des carpelles et le partage en trois des faisceaux placentaires, plusieurs rangs de faisceaux, très distincts, se sont formés. On peut les voir très nettement sur une section transversale passant un peu au-dessous de la libération du périanthe. Ce sont en allant du centre à la périphérie (*fig. 49*) :

1° Le rang le plus interne composé de six faisceaux représentant la branche interne des faisceaux placentaires (*fais. f. p*).

2° Le deuxième rang formé par les douze faisceaux dérivés des six faisceaux placentaires (*fais. f. p'*).

3° Le troisième comprend douze cordons vasculaires placés sur la face interne de la paroi ovarienne, au sommet des cloisons (*fais. c.*)

4° Au quatrième rang correspondent dix-huit faisceaux répartis ainsi : six dans la paroi ovarienne en face du plan médian des cloisons entre les deux précédents (*fais. E*); douze placés un peu plus vers l'axe) opposés au dos des loges, très près du plan médian de celles-ci (*fais. S*). Ces derniers faisceaux se rapprochent de l'axe en s'élevant.

5° Le cinquième rang renferme six faisceaux qui montent dans le plan médian du dos des loges (*fais. e*).

6° Enfin, tout à fait à la périphérie, se trouvent les faisceaux destinés à sillonner le périgone.

Très près de la fermeture des loges la disposition des différents cordons du système conducteur présente un aspect un peu confus; cela se comprend : on arrive ici près du point où le calice se libère; dès lors, l'ovaire ne pouvant rester béant, les parois ovariennes et les pièces staminales se séparent du périgone pour s'infléchir vers l'axe de la fleur. L'incurvation des faisceaux, ainsi que leurs ramifications sont très visibles sur des sections transversales pratiquées à ce niveau (*fig. 50*).

Nous rappellerons que l'étude morphologique nous a montré que l'androcée de cette fleur était composé de douze étamines dont six plus grandes et plus internes alternaient avec six autres plus petites et plus externes. Nous savons aussi que les six styles sont concrescents en une colonne surmontée de six lobes stigmatiques infléchis en dehors. Dès lors, connaissant la place respective des différents organes contenus à l'intérieur de l'enveloppe florale, il sera facile de trouver la destination de chacun des rangs de faisceaux que je viens d'énumérer. Ainsi :

Les faisceaux du premier et du deuxième cycle sont des faisceaux placentaires, les premiers s'élèvent dans la colonne stylaie jusqu'au niveau où les lobes stigmatiques s'infléchissent en dehors. Des sections transversales pratiquées à travers la colonne stylaire, montrent cela d'une façon très nette. Les douze faisceaux du second rang s'épuisent peu à peu (*fig. 51, 52 et 53*).

Les faisceaux du troisième rang s'épuisent aussi.

Parmi les faisceaux du quatrième rang, les douze opposés au dos des loges (*fais. S*) sont les faisceaux stylaires. En suivant leur course, on les voit s'éteindre très près des stigmates. Les faisceaux stylaires sont donc doubles dès leur origine. Quant aux faisceaux *E*, ils correspondent aux six étamines internes, c'est-à-dire aux six grandes étamines et ils pénètrent de bonne heure dans ces organes de même que les six faisceaux du cinquième rang (*faisceaux e*) qui montent dans les six étamines externes ou petites étamines (*fig. 51, 52, 53*).

Nous savons que les faisceaux du sixième cycle sont les faisceaux du périanthe.

Cet examen anatomique montre, d'une part, que le système conducteur de la fleur de l'*Asarum europæum* dérive (de même que celui de la fleur des Aristoloches) des six faisceaux du pédoncule; de l'autre, on voit que sauf les faisceaux destinés aux placentas, tous les faisceaux qui montent dans les divers organes placés au sommet de l'ovaire, en y comprenant les faisceaux du périanthe, se libèrent de la nervure dorsale des carpelles, et cela à des niveaux successifs. De plus, il met en évidence que les faisceaux stylaires sont doubles dès leur origine, et par conséquent latéraux. Il est nécessaire aussi de remarquer que vus en coupe transversale, sous le microscope, les lobes stigmatiques sont nettement bilobés bien qu'à l'extérieur, la ligne de division soit peu apparente. On peut

ajouter à cela que les faisceaux stylaires alternent avec ceux des
étamines internes (grandes étamines) et sont opposés aux petites
étamines (étamines externes).

2° Heterotropa Blumei, Duchartre

Au point de vue de la fleur, l'*H. Blumei* se distingue de l'*Asarum
europæum* par la disposition de ses étamines et l'organisation de
ses anthères; les six étamines externes, correspondant aux
stigmates et par conséquent aux loges de l'ovaire, sont presque
introrses, tandis que les six autres, alternes, appliquées contre
l'ovaire sont privées de filets et sont extrorses.

Ces modifications ne peuvent déterminer de grands change-
ments dans la marche et les divisions du système conducteur de
cette fleur; aussi ce système rappelle-t-il tout à fait, celui de
l'*Asarum europæum* et à cause de cela, il m'a semblé inutile de le
décrire de nouveau. J'appellerai simplement l'attention sur ce fait :
chez l'*H. Blumei*, de même que chez l'*Asarum europæum*, les faisceaux stylaires sont doubles dès leur naissance et les stigmates
bifides.

3° Bragantia

Un ovaire complètement infère, allongé, grêle, formé de quatre
carpelles; un périanthe articulé sur son orifice et se détachant
après l'anthèse sont les caractères qui distinguent nettement les
Bragantia des *Asarum* vrais et des *Heterotropa*. De plus,
l'androcée des *Bragantia* est composé de dix à douze étamines
libres ou adnées à la base du style.

Bragantia Wallichii, R. Br. — *Bragantia tomentosa, Bl.*; *Bragantia corymbosa.* — J'ai pu étudier quelques fleurs appartenant à
chacune de ces trois espèces, mais elles avaient été tirées d'un

herbier et malheureusement elles n'étaient plus dans un état assez parfait de conservation pour être disséquées ; aussi malgré l'emploi des procédés prescrits pour faciliter l'étude en pareil cas, plusieurs échantillons ne m'ont pas donné tous les résultats que j'en attendais. Je regrette surtout de n'avoir pu mieux réussir au point de vue morphologique, car certains points de la description que M. Duchartre a donnée de ces trois fleurs (1), me paraissent singuliers sans qu'il me soit possible d'en contester la véracité.

En tout cas, je puis affirmer que la fleur du *B. corymbosa*, que j'ai eue entre les mains avait six étamines monadelphes, et non 8-10, soudées par leurs filets à la base du style sur une étendue à peu près égale à la longueur des anthères, ce qui ne correspond point aux descriptions données.

Des sections transversales pratiquées à travers la petite colonne, montrent en plus des faisceaux stylaires, les six faisceaux staminaux.

Le *B. tomentosa* que j'ai coupé possédait neuf étamines (et non six) monadelphes et soudées aussi avec la base du style.

IV. — Discussion des résultats obtenus

Donc le genre *Bragantia* établit, pour ainsi dire, le passage entre les *Asarum* et *Heterotropa*, d'un côté, et les *Aristoloches* de l'autre. Il se rapproche de ceux-là par ses anthères libres ; il rappelle celles-ci par la soudure, sur une certaine longueur, des pièces de son androcée avec le style.

Or, si par la pensée, on suppose que les phénomènes de concrescence, observés dans ce genre, soient poussés plus loin encore, jusqu'au delà des anthères, on obtient un gynostème comparable à celui des Aristoloches, car il est bien permis, dès maintenant, en s'appuyant, d'une part sur les connaissances que nous avons de la

(1) *Prodromus*, volume XV, page 427 et suivantes.

constitution de la colonne centrale de la fleur des Aristoloches, et de l'autre sur la simple comparaison morphologique de l'appareil reproducteur des *Bragantia* et celui des *Aristoloches*, d'émettre cette hypothèse que chez les Aristoches, les étamines sont soudées au style, non seulement par leur partie inférieure, mais encore par les anthères pour former un gynostème composé typiquement de six étamines alternant avec les six colonnettes stylaires, mais ces colonnettes se divisent en deux à une hauteur variable de la longueur des anthères donnant ainsi naissance à deux *lobes stigmatiques* qui tout en restant concrescents avec le gynostème, gagnent, chacun de leur côté, en le contournant, le sommet de l'anthère contiguë, où ils rencontrent les lobes homologues des stigmates voisins, et s'y soudent pour constituer les appendices superstaminaux. Cette union des lobes stigmatiques appartenant à deux deux stigmates voisins, n'est point propre aux Aristoloches, on la rencontre chez toutes les Crucifères et quelques Papavéracées.

D'autre part, nous savons que si on voulait construire une figure théorique de la course et des divisions du système circulatoire de la fleur des Aristoloches il faudrait, pour être dans la vérité, supprimer dans cette figure les faisceaux Σ; c'est-à-dire, supprimer les faisceaux stylaires puisqu'ils n'existent que d'une façon accidentelle. D'ailleurs, leur présence où leur absence n'implique aucun autre changement dans la constitution de la colonne. Alors : « s'il doit exister dans la partie centrale de la fleur autant de faisceaux ou de groupes de faisceaux que cette fleur contient de pièces » on est en droit de dire, en vertu de ce même principe : que là où il n'y a pas de système conducteur, il n'y a pas d'organe.

Dans toute fleur construite d'après les lois de la symétrie florale le rang vasculaire correspondant aux faisceaux stylaires doit être placé à l'intérieur du rang vasculaire des pièces staminales les plus internes (dans le cas où il y a plusieurs verticilles d'étamines). Il en est bien ainsi chez l'*Asarum europæum* (*fig. 51, s*). Or si dans les Aristoloches les colonnettes interstaminales sont les lobes stigmatiques, nous savons que ceux-ci, étant pressés entre les pièces staminales, sont repoussés vers l'extérieur. Ils commencent, assez souvent, à faire saillie entre les étamines dès la base des loges ; par suite, si le système libéroligneux, qui doit les nourrir, occupait sa place normale, il ne pourrait remplir son rôle. De plus, il est permis de penser que les faisceaux stylaires qui devraient parcourir les stigmates, si ceux-ci devenaient libres, seraient doubles de même que ceux de l'*Asarum europæum*. D'ailleurs, l'examen anatomique n'a-t-il pas montré qu'au-dessus des anthères, les dernières branches vasculaires se portaient vers l'axe et s'éteignaient généralement sous la forme de deux cordons. Dès lors, est-il impossible que ces petits faisceaux ne pouvant remplir leur tâche, sans changer de place, se laissent, dans le plus grand nombre de cas, entraîner par les branches formatrices des faisceaux *G* (ces faisceaux, nous le savons, sont toujours des faisceaux complexes). Ce qui semble confirmer cette hypothèse, c'est que les faisceaux stylaires paraissent parfois lutter encore pour s'adapter à leur nouvelle position. C'est le cas de l'Aristoloche élégante, espèce chez laquelle toutes les fois que les faisceaux Σ existent à la base de la colonne, ils affectent une tendance à s'unir aux faisceaux *G* pour se libérer de nouveau plus haut et se rendre de là dans les proéminences interstaminales et les appendices. Si on a présent à l'esprit l'étude que nous avons faite de cette fleur on est porté à croire que chez elle l'accommodation n'est pas toujours entièrement établie. L'Aristoloche ridicule est aussi un peu dans le même cas, et chez l'Aristoloche tomenteuse ce n'est qu'après la formation des faisceaux *G* que s'opère la libération des faisceaux Σ.

Mais ces différentes manières d'être n'impliquent ni la présence des stigmates, ni leur avortement (ou leur absence en général) ; elles nous indiquent simplement qu'il y a des variations dans le niveau de la libération des faisceaux stylaires. Elles servent, en outre, à montrer l'origine de l'anomalie apparente et à vérifier l'hypothèse d'Eichler en indiquant, comme chez l'Aristoloche tomenteuse un faisceau bifide dans chaque proéminence interstaminale, faisceaux placés au-dessus de trois faisceaux *C* et interposés à chaque paire de faisceaux *G* ; c'est-à-dire placé en dehors de leur situation normale, sur le rang des faisceaux staminaux. On a donc, ici, une preuve en faveur de notre thèse.

Le mode d'épuisement des faisceaux *G*, sur lequel j'ai si souvent insisté que je croirais abuser en le répétant de nouveau (Résultat anatomique n° 5) n'est pas une preuve d'une moindre importance. En effet, toutes les fois qu'il s'opère une division radiale semblable à celle qui se produit sur ces faisceaux vers le sommet des anthères, c'est-à-dire une division radiale non d'un faisceau simple, mais une sorte de répartition en deux groupes d'un certain nombre de petits fascicules, plus ou moins indépendants les uns des autres, on peut affirmer qu'on est en présence de la dissociation de deux systèmes vasculaires restés unis jusque-là. De plus, nous avons vu que chez *A. picta*, deux faisceaux *G* déformés n'ont pas été assez puissants pour nourrir chacun une étamine entière, cependant, il s'est formé deux appendices normaux. Cela ne semble-t-il pas prouver que la pression exercée par les sillons a été assez forte pour empêcher le développement des éléments vasculaires destinés à l'étamine, mais n'a pu atteindre ceux qui devaient se rendre aux stigmates. Ce fait est, je crois, un autre argument en faveur de notre théorie.

Il est facile aussi de se convaincre que les parois du canal central de la colonne, canal qu'il est permis d'appeler canal stylaire (si on admet la théorie émise plus haut), sont constituées de la base au sommet par le même tissu, et cela sans différenciation aucune, ni solution de continuité. En outre, le tissu conducteur occupe sa place normale et forme souvent (*A. Clematitis, A. picta*) de fortes crêtes saillantes à l'intérieur du canal stylaire.

De plus, on sait que les plages stigmatiques s'élèvent de bas en haut, sans discontinuité, depuis au moins la naissance du sillon médian des colonnettes jusque bien au-delà des anthères. Dès lors, il est impossible de ne pas admettre que les colonnettes ou proéminences interstaminales forment la base de ces appendices et constituent avec ces derniers des pièces continues (lobes stigmatiques) dont la base est la base même des colonnettes. D'ailleurs, n'est-ce pas par le sillon médian de ces colonnettes que s'opère la libération des appendices? Dès lors, il est évident que chaque colonnette forme la base de deux moitiés d'appendices: colonnettes et moitiés d'appendices qui en se soudant à l'étamine interposée produisent la gynostème des Aristoloches, tel que nous le connaissons.

Peut-être entre-t-il dans ces appendices quelques éléments des connectifs je n'ai pu m'en rendre compte. Le fait, d'ailleurs, n'a pas grand intérêt.

A ces arguments, on peut ajouter que les faisceaux G sont toujours des faisceaux complexes, et que les appendices sont parcourus dans toutes les espèces par un système conducteur représentant la branche interne des faisceaux G.

Pour nous résumer, nous dirons que, malgré les soudures profondes existant entre les diverses pièces de cet appareil sexuel, on n'y trouve rien de contraire aux lois de la symétrie florale : les lobes stigmatiques alternent avec les pièces staminales (ces étamines correspondent au verticille staminal interne ou des grandes étamines de l'Asarum), et chaque moitié de lobe est soudée à l'étamine interposée. Les faisceaux eux-mêmes se prêtent assez facilement à l'analyse.

Si aucun cordon libéroligneux ne parcourt le plan médian des colonnettes ou plutôt des lobes stigmatiques, cela vient de ce que ceux-ci étant comprimés entre les étamines, puis repoussés en dehors et, en outre, divisés en deux parties, il n'est pas nécessaire qu'ils possèdent un appareil circulatoire propre, d'autant moins que les faisceaux stylaires ne pourraient remplir leur rôle en restant en place. Ils deviendraient, en quelque sorte, inutiles; au contraire, unis aux faisceaux staminaux et placés dans le plan médian de chaque groupe composé d'une étamine et de deux moitiés de lobes stigmatiques, ils rendent les faisceaux G assez puissants pour remplir la tache qui leur incombe.

Ces résultats sont, on le voit, complètement opposés à ceux obtenus par M. Van Tieghem; en les acceptant, on annule par ce seul fait toute la partie de sa théorie, traitant soit du sommet de l'ovaire, soit des connectifs. Dès lors, il n'y a pas lieu de la discuter. Cela d'ailleurs m'obligerait à revenir en arrière. Tous mes arguments contre cette théorie ayant été donnés chemin faisant, je ne pourrais les reprendre sans me répéter.

Je n'entrerai pas davantage dans la discussion de la théorie de

Payer dont j'ai cité seulement les conclusions, lesquelles ont été acceptées par M. Van Tieghem. Donc, en réfutant la théorie de cet auteur je repousse celle de Payer. Il serait oiseux, d'ailleurs, de faire intervenir ici la discussion relative à la nature des placentas et des ovules, de même qu'il l'eût été de revenir sur la théorie de M. Van Tieghem, traitant de la part qui revient à l'axe et aux appendices dans la constitution des ovaires infères.

Par contre, il est permis de croire avec Eichler, que chez les aristoloches, si les étamines étaient libres, les lobes stigmatiques seraient bilobés de même que ceux des asarum, mais qu'à la suite d'une tendance au développement commissural, la moitié de chaque lobe se trouverait soudée à l'étamine voisine. De là résulterait cette apparence morphologique particulière au gynostème des aristoloches; apparence qui a fait croire à plusieurs botanistes qu'il n'y avait pas de stigmates, et que tout ce qui dans la colonne n'appartenait pas aux loges faisait partie du connectif.

Tout en cherchant la valeur morphologique des appendices superstaminaux, j'ai été conduite à m'occuper de certains points secondaires de la question, points sur lesquels je veux donner quelques renseignements qui ne sont pas sans intérêt.

Je dois dire d'abord que, là encore, mes observations ne sont pas d'accord avec celles de M. Van Tieghem. Ainsi pour cet auteur « Les faisceaux périphériques conservent leur simplicité jusqu'au sommet de l'ovaire. Là, trois d'entre eux émergent tout entiers pour former les nervures principales des trois sépales. Les autres envoient aussi des ramuscules au périanthe, mais, de plus, sans produire de sépales chacun d'eux laisse en place deux branches, une à droite et l'autre à gauche qui constituent six faisceaux intercalés aux faisceaux primitifs. Ces faisceaux pénètrent dans les six étamines qui sont ainsi alternisépales et aucune autre branche n'est produite chez *A. clematitis*, etc. (1). »

Des coupes transversales faites vers la naissance du périanthe montrent distinctement que les faisceaux périphériques (faisceaux C) concourent tous pour une part égale à la formation des

____

(1) *Loc. cit.*

nervures du périanthe et à celles des faisceaux G (Résultat n° 2, page 33). Le fait est surtout facile à observer chez *A. clematitis* où il est vraiment de la plus grande évidence (*figure 35, planche II*).

La portion médiane de chaque faisceau émerge directement dans le calice en laissant sur place deux branches latérales qui s'unissent pour constituer les faisceaux G (les nervures du périanthe sont donc ici la continuation directe des faisceaux dorsaux des carpelles). De là, il suit que les faisceaux C étant équidistants, les faisceaux G doivent l'être aussi. C'est ce dont on peut se rendre compte chez *A. clematitis* en pratiquant des coupes transversales immédiatement au-dessus de celles qui montrent le départ des faisceaux du périanthe ; le fait est même déjà très visible sur la *figure 35,* (*planche II*).

Ainsi donc les faisceaux G ne deviennent pas équidistants ainsi que l'a écrit M. Van-Tieghem ; ils le sont forcément par leur mode de formation, et, par suite, les étamines sont aussi typiquement équidistantes. Le groupement par paires est dû sans aucun doute, à une influence spécifique. D'ailleurs dans *A. sipho* et *A. tomentosa*, les faisceaux G sont parfois équidistants à leur naissance. Il est vrai que souvent il en est autrement, et dans ce dernier cas on peut, malgré cette disposition, voir les douze branches formatrices se libérer des six faisceaux C. Jamais les faisceaux G ne sont à leur origine groupés régulièrement tous les six en trois paires. Ce n'est que plus haut qu'ils affectent cette disposition.

Ces faits ont une certaine importance au point de vue du type de symétrie de la fleur. En effet, s'il y a dans le périanthe de l'Aristoloche clématite six nervures d'égale puissance émergeant au même niveau, puis six étamines nées aussi toutes à la même hauteur et alternant d'un côté avec les six nervures du calice, et, de l'autre, avec les lobes stigmatiques lesquels partent du même verticille de faisceaux et sont en outre superposés à la nervure dorsale des carpelles, on est en droit d'affirmer que cette fleur est hexamère. Son diagramme est dès lors facile à établir (*figure 36, planche II*).

Les autres espèces diffèrent de celles-ci uniquement par les anastomoses des nervures du calice et les caractères qui distinguent le groupe des Siphisia de M. Duchartre.

Pour Eichler (1) (ainsi d'ailleurs que pour le plus grand nombre des botanistes), les Aristoloches et les Asarums seraient construites sur le type trois, et, chez ces derniers, le périanthe comprendrait deux verticilles trimères dont l'interne serait représenté dans l'*Asarum europæum*, par trois petites dents.

Typiquement, le périanthe des Aristoloches serait composé de deux verticilles, mais chez la plupart des espèces le verticille interne avorterait à la suite de la pression exercée sur ce verticille par les trois pièces du verticille externe (*A. sipho*, etc.) Dans ce cas le calice des Aristoloches correspondrait donc au verticille externe des asarum, mais chez quelques Aristoloches les six pièces seraient nettement représentées par les six nervures du calice. Le périanthe des Aristoloches différerait encore de celui des asarum par la soudure complète de toutes les pièces en une sorte de tube ainsi que cela existe chez les monocotylédones tubuleuses.

Dans le périanthe trilobé la pièce impaire serait représentée en haut sur le diagramme; chez les fleurs bilabiées, cette pièce devient supérieure, et les deux autres parties formeraient la lèvre inférieure. Dans les unilabiées, la lèvre est dirigée vers le haut, sans toutefois qu'il soit possible de l'identifier à la précédente.

Eichler ajoute que tout ceci est le résultat d'une hypothèse qu'il n'a pas vérifiée.

Cet auteur compare ensuite l'appareil reproducteur des Aristoloches à celui des Asarum et il donne deux théories sur cette question. La première est à peu près formulée en ces termes :

Première théorie. — On peut interpréter l'appareil sexuel des Aristoloches et celui des Asarum à peu près de la même manière pourvu toutefois qu'on laisse de côté les soudures profondes qui se produisent dans le premier.

En considérant le verticille staminal externe des Asarum comme avorté chez les Aristoloches, on conservera le même diagramme théorique. En effet, c'est l'opinion de différents auteurs, et cette

____

(1) Loc. cit.

théorie est appuyée par la tendance marquée qu'ont les étamines externes de l'Asarum à disparaître et aussi par leur développement rudimentaire et tardif. Mais d'autre part, on peut invoquer contre cette théorie ce fait que chez les Aristoloches on ne trouve jamais aucune trace de ce verticille externe.

Deuxième théorie. — Si on imagine que la fleur des Aristoloches immédiatement au-dessus du périgone, se mette à produire des verticilles hexamères comme cela n'arrive chez les asarum qu'à partir du troisième verticille staminal ; ce premier verticille hexamère se trouvera en alternance avec les pièces constitutives du périgone pris dans son ensemble. et aura par conséquent la même situation que le verticille staminal interne des asarum, verticille qui alterne aussi avec le périgone d'une part, et avec les deux verticilles staminaux externes. de l'autre, en supposant que ces derniers se succèdent en restant trimères. Les rapports de position seraient ainsi expliqués. Les deux verticilles de feuilles sexuées des Aristoloches correspondraient seulement aux deux premiers des Asarum, mais ils différeraient de ceux-ci par une hexamérie typique.

Je ne sais, dit ensuite l'auteur, laquelle de ces deux hypothèses est la meilleure. La première est la plus simple ; la deuxième a pour elle d'établir mieux l'accord qui existe entre la fleur des Aristoloches et celle des Asarum (1).

D'après les résultats anatomiques obtenus, je crois qu'il serait plus juste de prendre les Aristoloches comme point de départ et de dire que la fleur des Aristoloches, de même que celle des Asarum, est construite sur le type hexamère, mais chez celles-ci, il se développe un verticille staminal surnuméraire (verticille externe) et trois pièces du périanthe avortent. Ces dernières sont remplacées par trois languettes. D'ailleurs, l'anatomie ne nous apprend-elle pas que les six faisceaux périphériques se comportent tous de même jusqu'à la libération du périanthe.

(1) Voir aussi. à ce sujet, les articles sur l'*Asarum europæum* et l'*Aristolochia Clematitis* de Payer.

Cette manière d'interpréter les faits est plus simple. En outre, elle repose sur des caractères indéniables. Elle est aussi plus conforme aux lois ordinaires de la symétrie florale.

Si l'hexamérie n'existe pas chez toutes les Aristoloches, cela est dû, j'en ai la certitude, à la déformation de certains faisceaux périphériques. Aussi en comparant une fleur normale et une fleur anormale d'*Aristolochia picta* n'avons-nous pas été conduits à émettre l'opinion suivante que chez cette fleur, deux des faisceaux périphériques se dégradaient sous la pression des deux sillons latéraux, et à cette particularité nous avons fait remonter l'origine de la tétramérie de cette espèce. Si la présence de ces deux sillons n'est pas la cause mais l'effet, il y a, malgré cette dernière interprétation des faits, toujours dégradation de deux faisceaux du pédoncule et la tétramérie ne paraît pas moins être le résultat de cette dégradation.

Le type pentamère provient, nous l'avons vérifié chez *A. pentandra*, de la déformation d'un des faisceaux phériphériques du pédoncule, de l'antérieur ou du postérieur, nous n'avons pu le vérifier sur les échantillons secs que nous avons eus à notre disposition.

Ainsi se forment chez les Aristoloches les types tétramères et pentamères. Cette opinion semble être appuyée par ce caractère : il existe toujours six faisceaux à la base du pédoncule de la fleur des Aristoloches, quel que soit le type de symétrie de celle-ci.

On trouve également des espèces à 10-12-24 étamines (*A. Mannii*, — *A. triactina*, — *A. Goldieana*). Pour expliquer ces cas, il suffit d'admettre la formation sur les types 5 et 6, d'un ou plusieurs verticilles surnuméraires, ainsi que cela se produit chez l'*Asarum europæum*.

Un autre fait en faveur de l'hexamérie de la fleur des Aristoloches (de celle à six appendices aussi bien que de celle qui n'en a que trois) est le suivant : toutes les fois que cette fleur possède au-dessous de son calice, soit des appendices en forme d'éperons comme ceux (au nombre de six) qui accompagnent le calice de l'*Aristolochia tribolata*, soit un renflement de forme quelconque (*A. elegans*, etc.), on voit six faisceaux se séparer des faisceaux *C* et se porter dans ces organes.

A première vue, la symétrie trimère semble mieux d'accord avec la morphologie (quoiqu'elle n'explique pas davantage l'origine des espèces pentamères et tétramères); il y a trois lobes au périanthe de l'*Asarum europæum*, et trois aussi à celui de certaines certaines espèces d'Aristoloches : *A. sipho* — *A. tomentosa* etc.; trois paires d'étamines et trois appendices superstaminaux chez les Aristoloches du groupe des Siphisia (Duchartre).

Nous avons déjà démontré l'hexamérie du périanthe de l'*Asarum europæum* ; quant à l'hexamérie de celui des Aristoloches dont il vient d'être question, il est facile de s'en convaincre en examinant des coupes transversales représentant des nervures du périanthe de l'Aristoloche siphon, nervures qui émergent ici, à peu près, sans s'anastomoser.

Il reste à trouver maintenant la cause du groupement par paires des six étamines et celle de la formation de trois appendices sur six.

Ces deux caractères sont corrélatifs. En effet, on ne trouve jamais trois appendices chez les espèces à six étamines équidistantes, ni six appendices chez celles dont les étamines sont groupées par paires. Cependant, il est vrai que chez ces dernières, les trois appendices peuvent parfois être bifides au sommet, malgré cela, on ne peut dire que, dans ce cas, il y ait six appendices. Dès lors, en découvrant la cause de l'un des phénomènes, on doit inévitablement trouver celle de l'autre. Cette cause nous la connaissons déjà. Elle est ainsi que le dit Eichler dans « le développement commissural » poussé plus loin que chez les espèces à étamines équidistantes.

Dans celles-ci la concrescence n'a aucune influence sur les faisceaux G, c'est-à-dire qu'elle ne modifie en rien leur situation respective. Dans les autres, au contraire, son action se fait sentir dès le départ des nervures du périanthe puisque, assez souvent, on remarque aussitôt après la naissance des faisceaux G une inégalité dans l'écartement relatif de ces faisceaux. A partir de là, l'action de la concrescence se fait sentir de plus en plus. On voit alors les faisceaux G se grouper régulièrement deux par deux, et les étamines affecter la même disposition. Dès lors, si les étamines se joignent deux à deux, comment les colonnettes interstaminales ou lobes stigmatiques interposés aux deux étamines de chaque groupe pourraient-ils se développer?

Je crois que là est la cause de l'avortement de trois lobes sur six et par suite, l'origine de la présence de trois appendices au lieu de six.

On peut dire également que c'est à l'absence de trois lobes stigmatiques qu'est dû le rapprochement par paires des étamines, mais que cette absence soit la cause ou l'effet du groupement des étamines deux par deux, cela n'entraîne aucune conséquence au point de vue particulier qui nous occupe. Il s'agit simplement de savoir si ces lobes avortent, ou, s'ils n'existent pas même virtuellement dans le plan de la fleur.

Les faits suivants sont en faveur de la première hypothèse :

1° Les branches formatrices des faisceaux Σ ne se séparent jamais latéralement, sur la droite et sur la gauche de chaque faisceau C ainsi que cela se ferait si les étamines étaient équidistantes. Elles partent de la droite et de la gauche de chacune des trois paires de faisceaux G, c'est-à-dire qu'il y a avortement de six branches sur douze, et par suite avortement des branches σ interposées aux deux étamines de chaque paire.

2° Souvent, on voit de faibles branches vasculaires se séparer des faisceaux G, et se diriger vers l'axe où elles s'épuisent peu après. Fréquemment aussi, d'autres fascicules après s'être libérés des mêmes faisceaux, s'incurvent vers le tissu s'étendant entre les deux faisceaux de chaque groupe. Ces nouvelles branches vasculaires relient les deux faisceaux, si bien qu'à un moment donné, chez certains individus, on ne distingue plus six masses libéroligneuses plus ou moins séparées, mais trois.

3° Les quatre loges d'anthères de chaque paire, ne reçoivent pas leurs faisceaux à la même hauteur (1). En général, la loge de gauche et celle de droite de chaque paire staminale reçoivent leurs faisceaux les premières; les deux autres petits faisceaux n'arrivent aux deux loges médianes qu'un peu plus haut.

____

(1) Voir description du système conducteur de l'*A. tomentosa.*

4° Les colonnettes ou proéminences interstaminales, et par suite, les appendices, sont très puissants et surtout très massifs. Ils atteignent, pour ainsi dire, le volume de six appendices, car l'espace qu'ils occupent entre chaque groupe d'étamines, est au moins deux fois égal à la largeur de deux paires d'anthères réunies. Ainsi, en comparant ces gynostèmes à ceux munis de six appendices, on est tout naturellement porté à voir chez ceux-là, une application de la loi du balancement des organes.

En effet, leurs trois lobes stigmatiques ont acquis un accroissement beaucoup plus grand que si les six lobes s'étaient développés (1).

Donc, en tenant compte de tous ces faits, on est en droit de dire que si la trimérie semble, à première vue, mieux s'accorder avec la morphologie des Aristoloches à périanthe trilobé et à gynostème muni de trois appendices, elle explique moins bien que l'hexamérie la structure intime de ces fleurs.

On peut donc conclure, sans hésiter, que la fleur des Aristoloches, ainsi que celle des Asarum, sont typiquement composées de verticilles hexamères.

Anomalies. — Avant de terminer, je tiens à signaler les principales anomalies présentées par l'appareil sexuel des Aristoloches. Elles peuvent porter :

1° Sur le nombre des loges ovariennes. Il y a toujours diminution de nombre, jamais augmentation (cela se comprend). Cette irrégularité est due à ce que parfois les carpelles ne se ferment pas suffisamment, par suite, les cloisons ne se constituant pas, deux ou plusieurs loges restent confondues.

2° Sur le nombre de loges des anthères. Ici, il y a, plus souvent, augmentation que diminution de quantité. Une ou plusieurs étamines peuvent avoir par exemple, trois loges au lieu de deux.

---

(1) Chez l'A. *tomentosa*, les lobes stigmatiques se montrent dès le périanthe, et à ce niveau, ils ont déjà pris leur entier développement. Ils font fortement saillie au-devant des anthères. C'est sans doute pour cette raison que les trois faisceaux stylaires (*fais.* Σ *et* η), se libèrent très bas et sont toujours représentés.

3° Sur le développement relatif, et aussi sur le nombre des appendices. Deux appendices se soudent quelquefois ensemble. Ailleurs, certains d'entre eux se développent moins. Il faut remarquer que souvent cette inégalité de croissance se répète sur toute la hauteur de la fleur et correspond, le plus souvent, à des irrégularités dans le développement des cloisons ovariennes.

4° Le nombre des branches émises par les faisceaux G, peut aussi varier.

V. — Conclusions

I. — *Dans le cas le plus général.* — La colonne centrale de la fleur des Aristoloches est un *gynostème* composé typiquement de six étamines équidistantes alternant avec six stigmates qui sont originairement bifides comme ceux des Asarum. Chaque moitié de stigmate est soudée à l'étamine la plus rapprochée et la concrescence se continuant au-dessus des anthères, il se forme par l'union des deux lobes stigmatiques convergents six appendices superposés aux six étamines.

Peut-être entre-t-il dans la composition de ces appendices quelques éléments des connectifs, je n'ai pu m'éclairer sur ce point, mais je crois pouvoir affirmer, qu'en tout cas ils ne prennent qu'une part bien faible dans la constitution de la masse.

II. — *Chez les Aristoloches du groupe des Siphisia* (Duchartre) [1], il y a avortement des trois stigmates qui devraient typiquement se trouver vis-à-vis du milieu de chaque masse de deux étamines, aussi dans ce groupe les trois appendices formés par les six lobes concrescents deux à deux des trois stigmates recouvrent-ils chacun deux étamines.

(1) *Loc. cit.*

C'est par une erreur de description que l'on donne toutes les fleurs d'aristoloches comme dépourvues de styles et de filets. Ceux-ci, au contraire, sont souvent représentés, mais ils échappent en raison de leur soudure.

III. — Tout porte à admettre que la fleur des Aristoloches et celle des Asarum sont constituées typiquement par des verticilles hexamères, et que chez les Aristoloches, qui nous occupent spécialement, les six pièces composant le périgone sont alternes avec celles de l'androcée lesquelles alternent, à leur tour, avec les feuilles carpellaires.

Ces résultats démontrent une fois de plus que l'unité de plan de construction de la fleur est plus généralement répandue qu'on pourrait le croire à première vue. Il suffit pour la découvrir de savoir la dégager des ornements qui la cachent à nos yeux. A l'anatomie revient une grande partie de cette tâche.

Je ne veux pas terminer ce très modeste travail sans prier M. Gérard de vouloir bien agréer mes sincères remerciements pour les savants conseils qu'il m'a prodigués avec tant de bienveillance toutes les fois que quelques difficultés venaient entraver mes recherches.

Je tiens aussi à remercier M. Lachmann qui a eu la bonté de me faire un certain nombre de coupes en séries, à l'aide du microtome. Ces séries, où il ne manquait pas une coupe, m'ont rendu un véritable service, en me permettant de corroborer mes recherches antérieures, et de ne rien laisser dans le doute.

PLANCHE I

ARISTOLOCHE TOMENTEUSE (1)

Schema 1. - Système libéroligneux du pédoncule; — *en*, endoderme; *p*, péricycle ; *F*, faisceaux conducteurs.

Schema 2. — Le même système arrivé à la base de l'ovaire, après la division des faisceaux *F*. — *C*, faisceaux dorsaux des carpelles; *f, p*, faisceaux placentaires ; *en*, endoderme; *p*, péricycle.

Schema 3. — Système conducteur de l'ovaire. — *C*, faisceaux dorseaux des carpelles; *n*, nervures secondaires des carpelles ; *L*, loges ovariennes ; *f. p*, faisceaux placentaires ; *en*, endoderme; *p*, péricycle.

Schema 4. (général à toutes les aristoloches). — Division des faisceaux *C* au sommet de l'ovaire.

Schema 5. (général). — Deux branches latérales : l'une à droite, l'autre à gauche, se détachent des faisceaux *C* pour se rendre dans le périanthe.

Schema 6. (général. — En coupe longitudinale). — Les branches 2 + 2 forment, en s'unissant, un faisceau qui se rend dans le périanthe. La branche 3 issue de la région médiane des faisceaux *C*, a la même destination. Les branches 4 + 4 constituent les faisceaux *G*.

Schema 7 (général). — Le schema précédent représenté en coupe transversale.

(1) Toutes les figures représentent des coupes transversales; le schema 6 fait seul exception.

Schema 8. — *G*, faisceaux du gynostème formés par les branches 4 + 4 ; Σ faisceaux des colonnettes interstaminales ; σ, branches vasculaires provenant de la division des faisceaux Σ.

Schema 9. — *G*, faisceaux du gynostème : *e*. faisceaux des anthères ; σ, branches dérivées des faisceaux Σ ; *C*, canal stylaire ; *l*, colonnette interstaminale ; *A*, anthère.

Schema 10. — Le schema précédent est ici augmenté de la branche vasculaire γ qui s'unira plus haut au faisceau *e*.

Schema 11. — Ici la branche interne des faisceaux *G* se divise tangentiellement pour former les deux branches *S. S.* — *pl.* papilles stigmatiques.

Schema 12 et 13. — Les faisceaux *S*, *S* et σ restent seuls ; ils s'épuiseront bientôt.

ARISTOLOCHE ÉLÉGANTE

Schema 14 à 20. — Les mêmes lettres représentent les mêmes faisceaux.

Dans cette espèce et dans les suivantes, le gynostème seul a été représenté.

ARISTOLOCHE RIDICULE

Schema 20 et 21. — Coupes d'un gynostème. — Les mêmes lettres représentent les mêmes faisceaux.

ARISTOLOCHIA CLYPEATA

Schema 22 et 23. — Coupes d'un gynostème. — Les mêmes lettres représentent les mêmes faisceaux.

PLANCHE II

ARISTOLOCHIA ORNITHOCEPHALA

Schema 24 à 28. — Coupes d'un gynostème. — Les mêmes lettres représentent les mêmes faisceaux.

ARISTOLOCHIA TRIBOLATA

Schema 29 à 34. — Coupes d'un gynostème. — Les mêmes lettres représentent les mêmes faisceaux.

ARISTOLOCHIA CLEMATITIS

Schema 35. — Départ des nervures du périanthe et formation du faisceau *G*.

Schema 36. — Diagramme de cette fleur. — *pr*, périanthe ; *l*, lobes stigmatiques ; *ant.* anthères ; *l. ov.* loges ovariennes. — *ov.* ovules.

37. Figure de la fleur de l'Aristolochia Clematitis privée du périanthe.

38. Figure   --   —   tomentosa   »

39. Figure   —   —   elegans.   »

54. Coupe transversale pratiquée à travers un gynostème d'Aristolochia trilobata un peu avant l'acte de la pollinisation. *C*, canal stylaire. — *l*, lobes stigmatiques. — *G*, faisceaux. — *anth.* anthères.

PLANCHE III

ASARUM EUROPÆUM

Figure 40. — Système vasculaire du pédoncule, après la première division des faisceaux périphériques. — *en*, endoderme ; *p*, péricycle. *C*, faisceaux périphériques.

Fig. 41-42. — Disposition du système conducteur au-dessous des loges ovariennes.

Fig. 43. Ovaire et loges ovariennes. — *l*, loges. — *C*, faisceaux dorsaux des carpelles; *f. p*, faisceaux placentaires.

Fig. 44. — (Je ne rappellerai pas dans cette figure, ni dans les suivantes, les faisceaux déjà indiqués dans les figures précédentes ; je ne m'occuperai uniquement que des branches nouvelles.) — *c*, premier faisceau issu des faisceaux *C*.

Fig. 45. — *f. p*, première division des faisceaux placentaires.

Fig. 46. — Faisceaux *S, S* dérivés des faisceaux *C*. Ce sont les faisceaux des styles.

Fig. 47. — Faisceaux *e* ou faisceaux des petites étamines. — *fp'* deuxième division des faisceaux placentaires.

Fig. 48. — Formation des faisceaux *E* ou des grandes étamines.

Fig. 49. — Coupe pratiquée vers le sommet de l'ovaire (un peu au-dessous), montrant le système vasculaire arrivé à son état le plus complet de division. On trouve, outre les cercles vasculaires précédents, les faisceaux *P* du périanthe; ce sont les plus extérieurs.

Fig. 50. — Coupe faite tout à fait au sommet de l'ovaire.

Fig. 51. — Coupe passant vers la naissance des étamines. — Les mêmes lettres représentent les mêmes faisceaux

Fig. 52. — Colonne stylaire montrant les faisceaux stylaires ou *S*.

Fig. 53. — Stigmates avec les faisceaux stylaires en *S* et les poils stigmatiques. La ligne de division de chaque stigmate en deux lobes est très visible entre les deux faisceaux *S*.

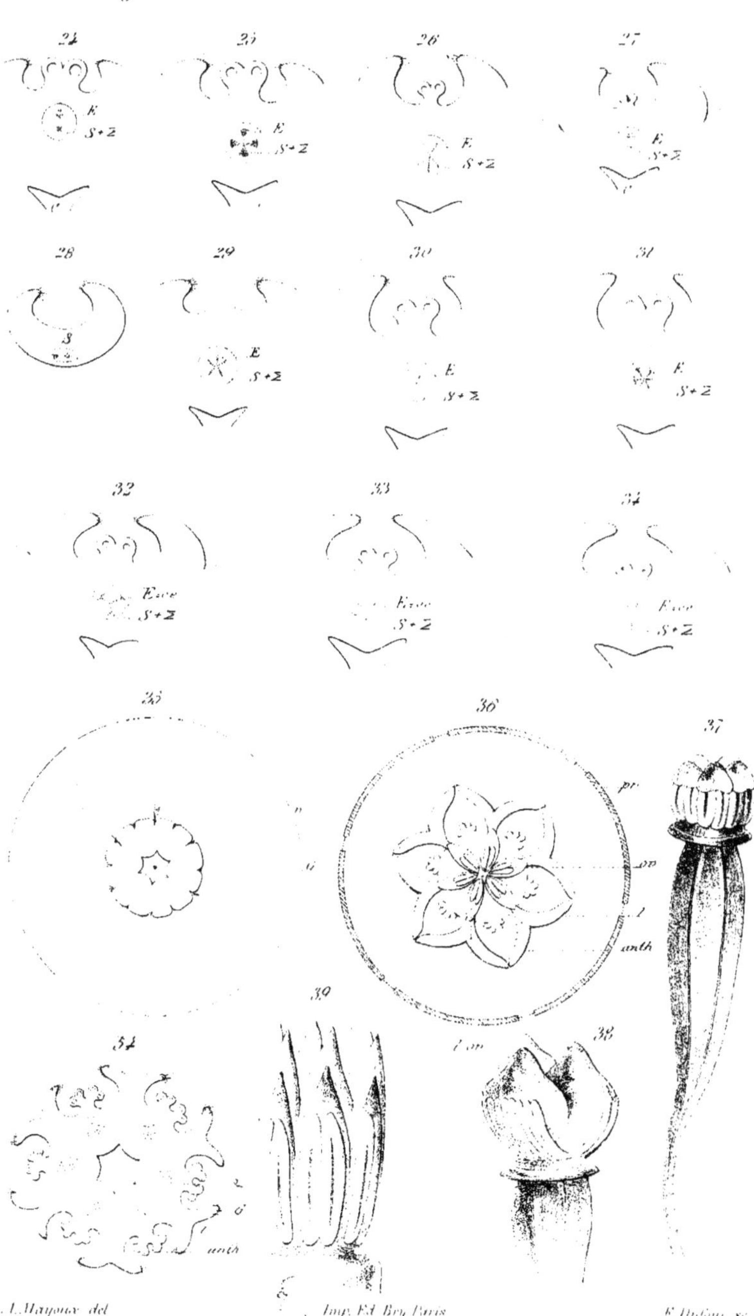

A. Mayeux del.   Imp. Ed. Bry, Paris   E. Dufour sc.

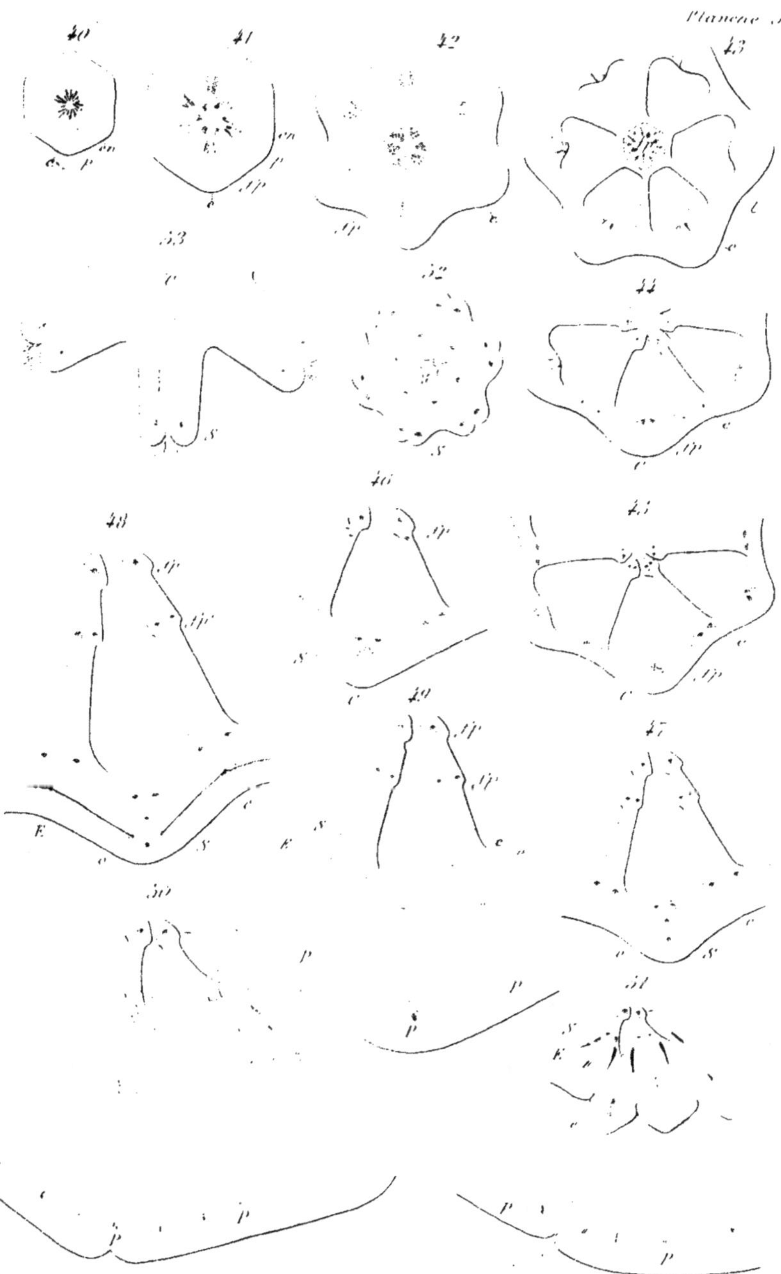

A. Magoux del.
Imp. Ed. Bry Paris
F. Dufour sc.

TOME I. — **La doctrine de Malherbe d'après son commentaire sur Desportes,** par Ferdinand Brunot, docteur ès lettres, ancien élève de l'Ecole normale supérieure, chargé d'un Cours complémentaire à la Faculté des Lettres, lauréat de l'Académie française. 1 vol. grand in-8 avec 5 planches hors texte. . . **10 fr.**

TOME II, Fascicule 1. — **Recherches anatomiques et expérimentales sur la métamorphose des Amphibiens anoures,** par E. Bataillon, préparateur de Zoologie à la Faculté des Sciences. 1 vol. in-8 avec 6 planches hors texte. . . . . . **4 fr.**

TOME II, Fascicule 2. — **Anatomie et Physiologie comparées de la Pholade dactyle.** Structure, locomotion, tact, olfaction, gustation, action dermatoptique, photogénie, avec une théorie générale des sensations, par le Dr Raphaël Dubois, professeur de Physiologie générale et comparée à la Faculté, avec 68 figures dans le texte et 15 planches hors texte. . . . . **18 fr.**

TOME II, Fascicule 3. — **Sur le pneumogastrique des oiseaux,** par E. Couvreur, licencié ès sciences physiques, docteur ès sciences, chef des travaux de physiologie à la Faculté des sciences de Lyon. 1 vol. in-8 avec 3 planches hors texte et graphiques dans le texte. . . . . **4 fr.**

TOME II, Fascicule 4. — **Recherches sur la valeur morphologique des appendices superstaminaux de la fleur des Aristoloches,** par Mlle A. Mayoux, élève de la Faculté des Sciences de Lyon. 1 vol. in-8, avec 3 planches hors texte. . . . . . . **4 fr.**

TOME III, Fascicule 1. — **Sur la théorie des équations différentielles du premier ordre et du premier degré,** par Léon Autonne, Ingénieur des Ponts et Chaussées, Docteur ès Sciences mathématiques, chargé de Conférences à la Faculté des Sciences. 1 vol. in-8 . . . . **9 fr.**

TOME III, Fascicule 2. — **Recherches sur l'équation personnelle dans les observations astronomiques de passages,** par F. Gonnessiat, Aide-Astronome à l'Observatoire, chargé d'un Cours complémentaire d'Astronomie à la Faculté des Sciences. **5 fr.**

TOME IV. — **Lettres intimes du cardinal Albéroni au comte J. Rocca,** ministre du duc de Parme (1703-1742), publiées pour la première fois d'après le manuscrit de Plaisance, par Emile Bourgeois, professeur à la Faculté des Lettres.

TOME V. — **Le Fondateur de Lyon, Histoire de L. Munatius Plancus,** par M. Jullien, professeur-adjoint à la Faculté des Lettres. 1 vol. in-8 avec 1 planche hors texte. . . . . . **5 fr.**
Quelques exemplaires sur hollande. . . . . **8 fr.**

TOME VI. — **Étude expérimentale sur les propriétés attribuées à la tuberculine de M. Koch,** faite au laboratoire de médecine expérimentale et comparée de la Faculté de Lyon, par M. le professeur Arloing, M. le Dr Rodet, agrégé, et M. le Dr Courmont. 1 vol. in-8, avec 4 planches doubles en couleurs hors texte. **10 fr.**

Paris. — Typographie Gaston Née, 1, rue Cassette. — 6871.